植物百科

北方野外常见的植物

植物百科编委会　编著

中国大百科全书出版社

图书在版编目（CIP）数据

北方野外常见的植物 / 植物百科编委会编著 .
北京 ： 中国大百科全书出版社， 2025. 1. -- （植物百科）.
ISBN 978-7-5202-1818-4

Ⅰ . Q948.52-49

中国国家版本馆 CIP 数据核字第 2025E8C603 号

总 策 划：刘 杭 郭继艳
策划编辑：张会芳
责任编辑：宋 娴
责任校对：邵桄炜
责任印制：王亚青
出版发行：中国大百科全书出版社有限公司
地 址：北京市西城区阜成门北大街 17 号
邮政编码：100037
电 话：010-88390811
网 址：http://www.ecph.com.cn
印 刷：唐山富达印务有限公司
开 本：710mm×1000mm 1/16
印 张：10
字 数：100 千字
版 次：2025 年 1 月第 1 版
印 次：2025 年 1 月第 1 次印刷
书 号：ISBN 978-7-5202-1818-4
定 价：48.00 元

—— 总　序

这是一套面向大众、根植于《中国大百科全书》第三版（以下简称百科三版）的百科通俗读物。

百科全书是概要记述人类一切门类知识或某一门类知识的完备的工具书。它的主要作用是供人们随时查检需要的知识和事实资料，还具有扩大读者知识视野和帮助人们系统求知的教育作用，常被誉为"没有围墙的大学"。简而言之，它是回答问题的书，是扩展知识的书。

中国大百科全书出版社从 1978 年起，陆续编纂出版了《中国大百科全书》第一版、第二版和第三版。这是我国科学文化建设的一项重要基础性、标志性、创新性工程，是在百年未有之大变局和中华民族伟大复兴全局的大背景下，提升我国文化软实力、提高中华文化国际影响力的一项重要举措，具有重大的现实意义和深远的历史意义。

百科三版的编纂工作经国务院立项，得到国家各有关部门、全国科学文化研究机构、学术团体、高等院校的大力支持，专家、学者 5 万余人参与编纂，代表了各学科最高的专业水平。专家、作者和编辑人员殚精竭虑，按照习近平总书记的要求，努力将百科三版建设成有中国特色、有国际影响力的权威知识宝库。截至 2023 年底，百科三版通过网站（www.zgbk.com）发布了 50 余万个网络版条目，并陆续出版了一批纸质版学科卷百科全书，将中国的百科全书事业推向了一个新的高度。

重文修武，耕读传家，是我们中国人悠久的文化传承。作为出版人，我们以传播科学文化知识为己任，希望通过出版更多优秀的出版物来落实总书记的要求——推动文化繁荣、建设中华民族现代文明，努力建设中国式现代化强国。

为了更好地向大众普及科学文化知识，我们从《中国大百科全书》第三版中选取一些条目，通过"人居环境""科学通识""地球知识""工艺美术""动物百科""植物百科""渔猎文明""交通百科"等主题结集成册，精心策划了这套大众版图书。其中每一个主题包含不同数量的分册，不仅保持条目的科学性、知识性、准确性、严谨性，而且具备趣味性、可读性，语言风格和内容深度上更适合非专业读者，希望读者在领略丰富多彩的各领域知识之时，也能了解到书中展示的科学的知识体系。

衷心希望广大读者喜爱这套丛书，并敬请对书中不足之处给予批评指正！

《中国大百科全书》编辑部

"植物百科"丛书序

　　全世界已知约 30 万种植物，它们的个体大小、寿命差异很大，从肉眼看不见的单细胞绿藻，到海洋中的巨藻和陆地上庞大的、寿过几千年的"世界爷"——北美红杉，都属于植物。植物与人类的关系极为密切，它们是地球上的初级生产者，是其他生物直接或间接的食物来源和氧气的制造者，在维持物质循环、生态系统相对平衡和生物多样性上具有极其重要的作用。

　　植物有多种分类方式。根据植物分类学，可将植物分为藻类植物、苔藓植物、石松类植物、蕨类植物、裸子植物和被子植物。日常生活中，常根据植物的生长环境或者用途等进行分类。如按照生活环境（生境）和生活方式，植物可分为陆生植物和水生植物；根据是否有人为干预，分为栽培植物和野生（野外）植物。其中，栽培植物最初是野生植物，经过人工培育后，具有一定生产价值或经济性状，遗传性稳定，能满足人类的需求。按照人工栽培环境，植物可分为大田植物、阳台植物、庭院植物、公园里的植物等。根据植物生长的地理分区，还可分为南方植物和北方植物。由于植物是自养型生物，一般无须运动，因而植物常是固定在某一环境中，并终生与环境相互影响。但植物在某个环境的常见为相对常见，并非绝对，如某一植物是庭院植物，也是阳台常见的植物，某些南方植物也可能出现在北方的温室中。

　　为便于读者全面地了解各类植物，编委会依托《中国大百科全书》

第三版生物学、渔业、植物保护学、林业、园艺学、草业科学等学科内容，精心策划了"植物百科"丛书，选择相对常见的植物类型及种类，编为《餐桌上常见的植物》《阳台上常见的植物》《庭院里常见的植物》《公园里常见的植物》《北方野外常见的植物》《南方常见的植物》《常见的水生植物》等分册，图文并茂地介绍了各类植物。

希望这套丛书能够让读者更多地了解和认识各类植物，引起读者对植物的关注和兴趣，起到传播科学知识的作用。

植物百科丛书编委会

目　录

第1章　草本植物　1

药用种类 1

扁茎黄芪 1

白花蛇舌草 3

新疆紫草 6

蒲公英 8

柴胡 11

党参 14

新疆阿魏 17

艾 19

黄花蒿 20

沙参 22

锁阳 23

甘草 24

紫花地丁 25

委陵菜 26

苍耳 28

骆驼蓬 29

荨麻 30

唐松草 31

旋覆花 32

牧草种类 34

华北驼绒藜 34

酸模 36

沙生冰草 38

多花黑麦草 41

霸王 42

马蔺 44

有毒有害种类 47

豚草 47

毒芹 48

准噶尔乌头 50

露蕊乌头 52

白喉乌头 53

工布乌头 56

翠雀 58

飞廉 60

乳浆大戟 62

醉马草 64

宽苞棘豆 66

急弯棘豆 68

披针叶野决明 69

苦马豆 72

碎米蕨叶马先蒿 73

轮叶马先蒿 75

甘肃马先蒿 76

北黄花菜 77

狼毒 79

第2章　木本植物　83

观赏树种 83

银露梅 83

金露梅 85

黄杨 88

银杏 89

圆柏 90

三尖杉 91

造林树种 92

榆树 92

椴树 94

白蜡 96

沙拐枣 98

柽柳 101

臭椿 102

刺槐 104

柳树 108

紫穗槐 111

叉子圆柏 113

落叶松 115

白皮松 121

白杨 123

桦树 125

华山松 127

胡桃 129

皂荚 130

用材树种 132

小叶杨 132

青杨 134

新疆杨 136

胡杨 137

蒙古栎 139

新疆落叶松 141

固沙与水土保持树种 143

沙枣 143

梭梭 145

白梭梭 148

第1章

草本植物

药用种类

扁茎黄芪

扁茎黄芪是豆科黄芪属多年生草本植物。又称背扁黄耆、沙苑、沙苑子、潼蒺藜、蔓黄芪、沙苑蒺藜等。以干燥成熟的种子入药，药材名沙苑子。

◆ 分布

扁茎黄芪分布于中国陕西、河北、辽宁、吉林、山西、内蒙古、宁夏、四川、甘肃等地，主要栽培于陕西、河北、四川。人工栽培开始于20世纪60年代中期。陕西大荔县沙苑地区的碧绿沙苑子，颗粒大而饱满，色绿褐，是道地药材。

◆ 形态特征

扁茎黄芪主根圆柱状，长达1米。茎平卧，单1至多数，长20～100厘米，有棱，无毛或疏被粗短硬毛。羽状复叶具9～25片小叶；小叶椭圆形或倒卵状长圆形，柄短。总状花序生3～7花；总花梗长1.5～6厘米，疏被粗伏毛；花萼钟状，被灰白色或白色短毛；花冠乳白色或带紫红色；子房有柄，密被白色粗伏毛，柄长 1.2～1.5 毫米，柱头被簇毛。荚果略膨胀，狭长圆形，长达 35 毫米，宽 5～7 毫米。种子淡棕色，肾形。花期 7～9 月。果期 8～10 月。

◆ **生长习性**

扁茎黄芪喜冷凉气候，适应性强，具有喜光、耐旱、耐盐碱的特性。适宜在质地疏松，排水良好的沙壤土上生长。生长期约 210 天。

◆ **繁殖方法**

扁茎黄芪以种子繁殖。每亩播种量 1～1.5 千克。

◆ **栽培管理**

扁茎黄芪栽培管理要点有：①选地与整地。选择排水良好的土地，施基肥，深耕耙平，做成 1～1.5 米宽平畦即可。②田间管理。播种后约 15 天出苗，苗高 5 厘米以上时，间苗 1～2 次，按株距 3～5 厘米定苗。及时除草、松土。在每年返青时，结合除草松土施入适量肥料。入冬前应浇越冬水 1 次。夏季多浇水保墒，防止干旱。③病虫害防治。叶片偶见白粉病。防治方法：及时处理残株，结合化学药剂防治。持续干旱易受红蜘蛛为害，可用杀虫剂防治。

扁茎黄芪

◆ **采收与加工**

霜降前，荚果外皮由绿变黄褐色时割下，晒干脱粒，除去杂质。晒干或通风处阴干。一般亩产干品 100 千克左右。

◆ 药用价值

扁茎黄芪味甘，性温。具补肾助阳，固精缩尿，养肝明目之功效。用于肾虚腰痛，遗精早泄，遗尿尿频，白浊带下，眩晕，目暗昏花。还是滋补、抗衰老、提高免疫机能的重要品种。同时，又是传统中成药金锁固精丸等药品的主要原料。

白花蛇舌草

白花蛇舌草是茜草科 1 年生披散草本。又称蛇舌草、白花十字草、蛇总管等。以其干燥全草入药，药材名白花蛇舌草。

◆ 分布

白花蛇舌草广泛分布于亚热带地区。在中国分布于云南、广东、广西、福建、江西、浙江、江苏、安徽等省、自治区。由于临床需求量日益增大，野生资源经大量采收而逐年萎缩，人工栽培品成为主要来源。在繁殖方式、栽培技术及活性成分等方面已开展了较为广泛的研究。

◆ 形态特征

白花蛇舌草有主根 1 条，粗 0.2 ～ 0.4 厘米。茎纤弱，略方形或扁圆柱形，棕紫色，多分枝，无毛。单叶对生，近无柄，纸质，全缘，顶端急尖或渐尖；中脉上面凹陷，侧脉不显。花白色，单生或有时双生叶腋；雄蕊 4，着生于花冠喉部。蒴果扁球形呈石榴状，灰褐色及黄褐色。种子黄棕色，细小，千粒重仅有 6 毫克左右。花期 6 ～ 9 月。果期 7 ～ 10 月。

◆ **生长习性**

白花蛇舌草多生于田边、旷野、路旁、河边。喜温喜湿怕涝，不耐干旱和积水，不耐严寒。以疏松肥沃，排水良好，富含腐殖质的沙质壤土为佳。种植以长江以南地区为宜。

整个生育期140～150天，大致可划分为出苗期、展叶期、花期和果期，各期之间有一定的重叠现象。从出苗后出现第1对真叶到分枝后叶片停止生长，前后约90天，此时期为展叶期，植株生长迅速。花期约65天，主要集中在7月中旬至8月中旬。从6月底初见结果，成熟于9月下旬至10月。

主根明显，侧根茂密，根系发达，展叶期根生长最快。分枝数因环境条件不同而不同，如阳光充足、肥水条件好则分枝多而粗壮。主茎不明显，植株松散，匍匐生长。刚出苗时为2片真叶，6～8天后长成4片，以后随着分枝数的增加叶片数大幅度增加。在花果盛期，叶片数可达105～110片。果实在花谢后15天左右即可成熟，结实率约为50%。

◆ **繁殖方法**

种子繁殖。播种时间可分为春播和秋播。在江南水稻栽培地区，春播以5月上旬为佳，至8月下旬至9月上旬收获，可原地秋播，也可留根发芽栽培。秋播于8月中下旬进行，至11月中下旬待果实成熟后收获。播种时不能覆土太深，否则会影响种子的出苗率和整齐度。

◆ **栽培管理**

选地与整地

白花蛇舌草种植应选择地势低洼，靠近水源，周围无污染源，光照充足的地块，土壤应疏松肥沃、富含腐殖质。基肥均匀撒施地面，深耕25厘米左右，耙细整平，做高畦，畦面呈龟背形，以便排灌。

田间管理

白花蛇舌草的田间管理项目主要有：①中耕除草。由于苗较细弱，宜在其展叶初期苗高5～7厘米时进行人工中耕除草，并以株距5厘米间苗，除弱留壮；苗高8～10厘米时可进行第2次中耕除草，进行定苗，株距15厘米左右。待植株长大披散满地时，不再除草。②抗旱排涝。播种后应经常浇水，保持土壤湿润，但忌畦面积水，雨后或连续多天下雨有积水应及时排除，天旱时采用灌喷的方法进行灌溉。③合理追肥。生长期短需要重施基肥，以农家肥为主，同时施用一定氮肥。

病虫害防治

白花蛇舌草的虫害主要是在生长前期常有地老虎咬食幼芽、截断根茎，在花果盛期有日本雀天蛾幼虫蚕食叶片和嫩茎。防治方法：可用毒饵诱杀，或于清晨露水干前人工捕杀，也可用杀菌剂浸种预防。

◆ 采收加工

在长江以南地区，1年可收割2次，分别在8月和11月，果实发黄成熟时，齐地面割取地上部分。将白花蛇舌草全草去掉杂质和泥土，摊铺晒干，亦可切段晒干，打包后即为商品。

◆ 药用价值

白花蛇舌草药材味苦，性甘、寒。归胃、大肠、小肠经。具有清热解毒、利湿消肿、活血止痛的功效。主治咽喉肿痛、湿热黄疸、小便不利、疮疖肿痛、急慢性胆囊炎、泌尿道感染、毒蛇咬伤等病症。白花蛇舌草主要含蒽醌类、萜类、甾醇类、苷类、有机酸类、黄酮类、多糖、香豆精类、生物碱类、氨基酸等化学成分。

新疆紫草

新疆紫草是紫草科软紫草属1种多年生草本植物。以其干燥根入药，药材名紫草。又称软紫草、硬紫草、大紫草、红条紫草等。

◆ 分布

新疆紫草主产中国新疆和西藏西部，印度西北部、尼泊尔、巴基斯坦、克什米尔地区、阿富汗、伊朗、俄罗斯中亚地区及西伯利亚亦有分布。

◆ 形态特征

新疆紫草根粗壮，直径可达2厘米，富含紫色物质。株高15～40厘米，茎1条或2条，直立，基部有茎鞘，仅上部花序分枝。茎生叶披针形，较小；叶无柄，两面均疏生半贴伏的硬毛。镰状聚伞花序着生茎上部叶腋；苞片披针形；花萼裂片线形，花冠筒状钟形，深紫色；雄蕊着生于花冠筒中部（长柱花）或喉部（短柱花）。小坚果宽卵形，黑褐色。花果期6～8月。

新疆紫草

◆ 生长习性

野生新疆紫草多见于海拔2500～4200米的砾石

山坡、洪积扇、草地、草甸等处。栽培地忌黏土、盐碱地、涝洼积水。发芽最适温度为 13 ～ 17℃。

◆ **繁殖方法**

新疆紫草用种子繁殖，分秋播和春播。秋播于种子采收后至 11 月上旬地面始冻为止。秋播于第 2 年 4 月初开始萌发，4 月下旬至 5 月上旬出全苗。春播于 3 月底 4 月上旬进行，但种子在播种以前需要低温处理，让种子发育成熟，否则当年不出苗。

◆ **栽培技术**

新疆紫草栽培技术要点有：①种子处理。种子必须经过一个低温阶段才能完成种胚的后熟。采收的种子在严冬之前，将其用温水（20℃）浸泡 30 分钟左右，捞出后按 2 ～ 3 倍于种子量的消毒湿砂混匀，保证种子充分吸水后，将其装入编织袋置于室外地势高燥的背风背阴处冷冻。待来年 4 月种子人部分萌芽，取出待播。②选地与整地。以地势干燥、土层深厚、排水良好的中性或微酸性沙壤土为宜。播种前将选好的地块耕翻 30 厘米，耙细整平。③田间管理。及时松土除草，防止草荒欺苗。在幼苗期及时查补苗。苗高约 10 厘米时定苗。结合耕耙同时施腐熟圈肥。紫草最怕涝灾，一定要挖好排水沟，雨季注意排水。④病虫害防治。根腐病防治：发现病株要及时挖出，并用 0.01 ～ 0.02 克 / 升硫酸亚铁灌注病穴。叶斑病防治：及时清除病残体，从发病初期开始喷药，防止病害扩展蔓延。蚜虫防治：及时清除杂草及残物，也可采用药剂喷雾和大棚药剂熏蒸的方法，还可采用黄板诱杀。

◆ 采收加工

9月上旬开始成熟。在结籽部位将枝条剪下，随采随脱粒后将种子晒干用清水漂洗，晒干收贮。10月份当地上部出现枯萎时，即可挖根，去掉地上芦、茎、泥土，晒干（忌水洗），捆成小把，即为商品。

◆ 药用价值

紫草味甘、咸，性寒。归心、肝经。具清热凉血，活血解毒，透疹消斑之功效。用于血热毒盛，斑疹紫黑，麻疹不透，疮疡，湿疹，水火烫伤。此外还具有较好的抗肿瘤、免疫调节、抑菌、抗衰老和抗氧化的作用。临床应用表明，紫草在治疗小儿性早熟、小儿支气管哮喘和外用治疗鹅口疮等方面具有较好的疗效。

2015版《中华人民共和国药典》同时收载同属植物内蒙紫草作为药材紫草的基原植物。主要分布于中国内蒙古和甘肃等地。

蒲公英

蒲公英是菊科蒲公英属多年生草本植物。以其干燥全草入药，药材名蒲公英。又称黄花地丁、婆婆丁、蒲公草等。

◆ 分布

蒲公英广泛分布于北半球。在中国，主要栽培区为江苏、河南、黑龙江、河北、山西等地。

◆ 形态特征

蒲公英根圆柱状，黑褐色。叶倒卵状披针形、倒披针形，边缘有时具波状齿或羽状深裂，有时倒向羽状深裂或大头羽状深裂，顶端裂片较大，每侧裂片 3 ～ 5 片，裂片三角形或三角状披针形，通常具齿，叶柄及主脉常带红紫色。花葶 1 至数个，与叶等长或稍长。头状花序；总苞钟状；总苞片 2 ～ 3；舌状花黄色，花药和柱头暗绿色。瘦果倒卵状披针形，暗褐色；冠毛白色。花期 4 ～ 9 月。果期 5 ～ 10 月。

◆ **生长习性**

蒲公英耐涝、耐旱、耐寒、耐瘠薄、耐盐碱、抗强光、耐高温。早春地温 1 ～ 2℃ 时即萌发，地下根可以忍受 -50℃ 的低温。种子发芽最适温度为 15 ～ 25℃，30℃以上发芽缓慢，叶生长最适温度为 20 ～ 22℃。东北地区，早春 4 月下旬开始生长，气温 8 ～ 10℃ 时迅速生长。5月中下旬开花，6 月中旬种子成熟，种子无休眠特性，落地后很快萌发，出芽，形成新的植株，直到初霜始枯

蒲公英的花

萎。多年生植株 9 月初可以再次开花。再生能力强，生长季生长点切去后，可形成多个新生长点。苗期耐旱性稍差，出苗 1 个月后生长速度加快，抗性增强。

◆ **繁殖方式**

蒲公英有种子繁殖和分根繁殖两种方式，以种子繁殖为主。种子繁殖春季到秋季均可播种。在畦面上按行距 25 ～ 30 厘米开前横沟，播幅

约 10 厘米。播种量 0.5 ～ 0.75 千克 / 亩。分根繁殖于春季或秋季采挖蒲公英的根，移栽在整理好的地块内，行株距 10 厘米 ×15 厘米。

◆ **栽培管理**

选地和整地

选土质深厚、疏松肥沃、排水良好的沙壤土种植蒲公英。整地时施足底肥，施腐熟农家肥 4000 ～ 5000 千克 / 亩，深耕 25 ～ 30 厘米，耕平耙细，做成宽 1.2 ～ 1.5 米的长畦。

田间管理

蒲公英田间管理技术要点有：①中耕除草。每 10 天左右中耕除草 1 次，直到封垄为止；封垄后可人工拔草。②间苗、定苗。出苗 10 天左右进行间苗，株距 3 ～ 5 厘米，经 20 ～ 30 天即可定苗，株距 8 ～ 10 厘米，撒播者株距 5 厘米。③肥水管理。苗期保持湿润，干旱可沟灌渗透。出苗后适当控水，促进根部健壮生长，防止倒伏。施尿素 10 ～ 15 千克 / 亩，或碳酸氢铵 15 ～ 20 千克 / 亩。

病虫害防治

斑枯病为害叶片。防治方法：与禾本科轮作；合理密植，促苗壮发，增加株间通风透光性；以有机肥为主，避免偏施氮肥；收集病残体携出田外烧毁；清沟排水；药剂防治。

蚜虫为害新生茎叶。防治方法：黄板诱杀；发生初期，用杀虫剂进行喷雾防治。

地老虎为害根部。防治方法：种植地块提前 1 年秋翻晒土及冬灌，可杀灭虫卵、幼虫及部分越冬蛹；用糖醋液、马粪和灯光诱虫，清晨集中捕杀等。

◆ 采收加工

在晚秋时节采挖带根的全草，去泥晒干备用。采收后可以将蒲公英进行初加工、干燥。也可以加工成蒲公英散和蒲公英素。

◆ 药用价值

蒲公英药材味苦、甘，性寒。归肝、胃经。具有清热解毒，消肿散结，利尿通淋的功效。主治急性乳腺炎、淋巴腺炎、瘰疬、疔毒疮肿、急性结膜炎、感冒发热、急性扁桃体炎、急性支气管炎、胃炎、肝炎、胆囊炎、尿路感染、便秘、治高脂血症等病症。

2015 版《中华人民共和国药典》同时收载同属植物碱地蒲公英作为药材蒲公英的基原植物。其分布主要在黄河以北地区，亦有栽培。

柴 胡

柴胡是伞形科柴胡属多年生草本植物。以其干燥根入药，药材名柴胡，习称"北柴胡"。又称硬苗柴胡、韭叶柴胡等。

◆ 分布

柴胡分布广泛，产于中国东北、华北、西北、华东和华中各地。主要栽培产区为甘肃、山西和河北等省。人工栽培始于 20 世纪 70 年代中国山西等地。

◆ 形态特征

柴胡主根棕褐色，质坚硬。茎单一或数茎，表面有细纵槽纹，实心，上部多回分枝，微作之字形曲折。基生叶倒披针形或狭椭圆形，顶端渐尖，基部收缩成柄，早枯落。复伞形花序很多，花序梗细，常水平伸出，形成疏松的圆锥状；总苞片 2～3，或无，狭披针形，3 脉，很少 1 或 5 脉；伞辐 3～8，纤细，不等长；小总苞片 5，披针形，顶端尖锐，3 脉，向叶背凸出；小伞花 5～10；花瓣鲜黄色，上部向内折，中肋隆起，小舌片矩圆形，顶端 2 浅裂；花柱基深黄色，宽于子房。果广椭圆形，棕色，两侧略扁。种子千粒重 1 克左右。花期 9 月。果期 10 月。

◆ 生长习性

柴胡喜温暖、阳光充足、湿润和营养丰富的环境。适应性强，具有耐寒、耐旱、怕涝的特性，对土壤的要求不严。种子在18℃左右开始萌发，植株随环境温度升高生长加快，6～9 月生长迅速，后期根的生长增快。

◆ 繁殖方法

柴胡以种子繁殖。选择生长健壮、无病虫害的植株作留种母株，去除田间病株、弱株及混杂植株，控制密度，加强管理，增施磷、钾肥，促其果实充分发育，籽粒饱满。当果实由青绿转变为褐色时，将全株割回，置通风干燥处，晾干后熟数日。然后脱粒，精选，贮藏于干燥凉爽处备用。根据种植习惯，可选择春播、夏播或秋播。每亩用种量 2～3 千克。生产上多采用雨季（6～8 月）播种，与玉米、小麦等作物套种，当年成苗。

◆ 栽培管理

选地与整地

宜选湿润肥沃、保水保肥力较强、质地疏松、排灌良好的壤土、沙壤土或腐殖土地种植柴胡，亦可选择缓坡山地或是林间空地种植柴胡。

黏重地、盐碱、涝洼地不宜种植。可与玉米、麦类作物、果木林进行间套种。选地后，于土壤结冻前深翻土地，除去砾石及杂草，使其熟化。随整地施入基肥，耙平耙细，造好底墒。基肥以腐熟农家肥、高效生物有机肥为主，也可用适量氮磷钾复合肥。雨水较多的地区宜做高畦种植。夏播多与其他农作物如玉米、小麦等套作。秋播在土壤结冻前均可进行，秋播在翌年春季出苗。可撒播、条播。播种量每亩 2 千克左右，覆土厚度不超过 1 厘米。

田间管理

柴胡田间管理技术要点有：①除草。春播柴胡，柴胡出苗慢，前期生长慢，重点控制杂草。第 2 年柴胡返青早，生长快，杂草相对好控制。②施肥。结合中耕除草施肥 1 ～ 2 次，在返青后至苗期、割茎促进根部迅速增重期追肥。繁种田，花期增施磷钾肥。③割茎。一项重要的高产技术措施。花期前割茎，保留 20 厘米左右高度，有些地区二次开花，可进行二次割茎处理。割茎避开下雨天，防止雨水从茎伤口进入导致烂根问题。

病虫害防治

柴胡生长期间主要病害有锈病、根腐病和斑枯病。防治策略有合理轮作、开排水沟、增施磷钾肥等。主要害虫有黄凤蝶、赤条蝽、蚜虫和红蜘蛛。防治策略为人工捕杀和化学防治相结合。

◆ 采收与加工

柴胡在播种后第 2 年或第 3 年寒露后采收。割除地上部，人工或机械采挖。抖净泥土，趁湿去除茎部，自然阴干或烘干。

◆ 药用价值

《神农本草经》载曰，"茈胡，味苦平，一名地薰。其功效为主心腹肠胃中结气、饮食积聚、寒热邪气，推陈致新"，其中的"茈胡"即柴胡。张仲景的《伤寒杂病论》中载有大柴胡汤和小柴胡汤，其中柴胡为君药。北柴胡主要具有除寒热、破结聚的功效。现代中医认为，北柴胡的主要药效作用为解热镇痛、疏肝解郁和升举阳气等。适用于感冒发烧、疟疾、月经不调等疾病的治疗。柴胡中含有三萜皂苷、挥发油、类黄酮、木质素、甾体皂苷、多糖、甾醇、脂肪酸、类固醇、

柴胡药材

多炔、香豆素及微量苯丙素类衍生物等。

同属植物狭叶柴胡，2015版《中华人民共和国药典》同被收载为药材柴胡的基原植物，其干燥根习称"南柴胡"。

党　参

党参是桔梗科党参属多年生草本植物。以其干燥的根入药，药材名党参。

◆ 分布

党参主要分布于中国华北、东北、西北部分地区。主要栽培产区为

甘肃、山西、陕西、四川、内蒙古、宁夏、湖北及东北部分地区。人工栽培始于 20 世纪 60 年代山西长治地区。

◆ **形态特征**

党参根常肥大呈纺锤状或纺锤状圆柱形，上端 5 ～ 10 厘米部分有细密环纹，下部则疏生横长皮孔，肉质。茎基具多数瘤状茎痕。茎细长缠绕或蔓生，多分枝。叶互生或对生，叶柄细长有疏短刺毛，叶片卵形或狭卵形，先端钝或微尖，边缘具波状钝锯齿；叶基圆形或楔形，两面疏或密地被贴伏的长硬毛或柔毛。花单生于枝端，与叶柄互生或近于对生，有梗；花萼片 5 裂、绿色，先端急尖状；花冠广钟形，

党参花

淡绿色，内面有紫斑，先端 5 裂；雄蕊 5 枚，花药淡黄色；雌蕊 1 枚；子房下位。蒴果圆锥形，花萼宿存。种子多数，卵形，无翼，细小，棕黄色，光滑无毛。花果期 7 ～ 10 月。

◆ **生长习性**

党参喜温和凉爽气候，耐寒。幼苗喜潮湿、荫蔽环境，怕强光。播种后缺水不易出苗，出苗后缺水可大批死亡。高温易引起烂根。大苗至成株喜阳光充足。适宜在土层深厚、排水良好、土质疏松而富含腐殖质的沙壤土栽培。

◆ **繁殖方法**

党参采用种子繁殖。选生长健壮、根体粗大、无病虫害的 2 年或 3 年生党参田作采种田。一般在 10 月上中旬果实呈黄褐色，种子黑褐色时采收。割取藤蔓，晒干后脱粒，净选种子，阴干保存。有种子直播和育苗移栽两种繁殖方式。春、秋两季均可播种。

◆ **栽培管理**

党参主要栽培要点有：①选地与整地。育苗和移栽地块均以黄绵土、黑土、黑麻土、河谷灌淤土等沙壤土为好，坡度以 15°～30° 为宜。要求土层深厚，不积水，土质疏松肥沃、无宿根杂草、地下害虫较轻，轮作周期 3 年以上的土地。前茬作物以豆类、薯类、油菜、禾谷类等作物为好。②田间管理。主要包括除草、施肥和灌溉。除草要及时，不要伤及苗根部；施足基肥，必要时可增施叶面肥；灌溉和防旱是最重要。③病虫害防治。主要有锈病和根腐病。以采取适当的栽培措施和药剂防治方法。害虫有地老虎、蛴螬、蝼蛄、金针虫等。防治策略为人工捕杀、物理诱杀、药剂防治等。

◆ **采收与加工**

直播的党参 3 年采挖，育苗移栽的 2 年收获。约在 10 月中下旬寒露与霜降之间，土壤封冻以前采挖。采挖时避免创伤折断，流失液汁而降低质量。加工时用水冲洗干净。阳光下晾晒至根表皮略湿发软。用手紧握成把的党参芦头处，从头至尾向下顺握，反复揉搓。揉搓与晾晒结合，可反复进行多次，至含水量 15% 以下。晾晒过程中避免强光暴晒。

禁止硫熏。

◆ 药用价值

党参入药始载于清代《本草从新》。药材名又称上党参、黄参、中灵草、狮头参、防党参、黄党等。传统记载其味甘，性平。归脾、肺经。具健脾益肺、养血生津之功效。用于脾肺气虚、食少倦怠、咳嗽虚喘、气血不足、面色萎黄、心悸气短、津伤口渴、内热消渴等症。现代研究表明，党参具有增强造血功能、调节血压、保护胃肠道、增强免疫、抗氧化、抗肿瘤、抗疲劳、保护神经、抗菌、抗炎、降血脂等功效，临床上可用于防治高脂血症、低血压、造血功能障碍、急性高原反应，以及功能性子宫出血等。同时，党参也是一种保健品，可入膳食。

此外，2015 版《中华人民共和国药典》同时收载了素花党参和川党参为药材党参的基原植物。由于产地不同，又有甘肃纹党、山西潞党和台党、陕西凤党和四川晶党等道地药材之分。

新疆阿魏

新疆阿魏是伞形科阿魏属多年生草本植物。其根、种子、树脂均可入药。

◆ 分布

新疆阿魏主要分布于中国新疆地区。

◆ 形态特征

新疆阿魏株高 0.5 ～ 1.5 米。根纺锤形或圆锥形，粗壮。茎通常单一。

叶片轮廓为三角状卵形,三出式三回羽状全裂。花瓣黄色,椭圆形。分生果椭圆形,背腹扁压,有疏毛,果棱突起。花期4～5月。果期5～6月。

◆ **生长习性**

新疆阿魏喜温凉,耐旱、怕涝,喜阳光。在生长季中,经过1～2月,叶逐渐枯萎,地下根转入休眠状态,翌年春天继续进行营养生长。其莲座状的叶逐年增大,直到植物发育成熟,从叶中抽出花葶,开花结实后死亡。

◆ **繁殖方法**

新疆阿魏繁殖时宜用当年采收的种子播种,秋季条播或穴播,如当年不播种,亦可在翌年春季播种,覆土3～4厘米。

◆ **栽培管理**

新疆阿魏栽培管理要点有:①选地与整地。选择地势平坦、排水及灌溉方便的地块,中性或弱碱性沙壤土为佳。入冬前整地,每亩施入有机肥3000～4000千克。②田间管理。当年一般浅耕1～2次,次年根据幼苗生长需要及杂草情况可以中耕2～3次。施足底肥,每亩3000～4000千克,则基本可满足阿魏2年的生长需要。一般利用春季冰雪融水即可完成早春生长需要,若遇干旱年份,适当浇水。主要病害有根腐病,防治方法为雨水较多时节应注意及时排水,保持土壤疏松透气;发现病株时,及时拔除。主要害虫为天牛,防治方法为捕杀幼虫、成虫或用药堵塞虫孔。

◆ **采收与加工**

新疆阿魏于5～6月在植物抽茎后至初花期,由茎上部往下割取,每次待油胶树脂流尽收集后再割下一刀，一般 4～5 次，将收集物放入适宜容器中，除去多余水分即可。

◆ **药用价值**

药材阿魏被历代本草及《中华人民共和国药典》收载，具有消积、化症、散痞、杀虫的功效，用于肉食积滞，瘀血症瘕，腹中痞块，虫积腹痛。临床上阿魏常用于治疗胃肠道疾病、脑血栓、慢性肾小球类疾病等病症。

艾

艾是被子植物真双子叶植物菊目菊科蒿属的一种。

◆ **分布**

艾名出《本草经集注》。《左传·哀公·哀公十六年》："若见君面，是得艾也。"杜预注曰："艾，安也。"说明它能使人安宁，故称"艾"。

艾分布广，在中国除极干旱与高寒地区外，几乎遍及全国。朝鲜半岛、日本、蒙古、俄罗斯远东地区亦有分布。

◆ **形态特征**

艾为多年生草本植物，有香味，高达 1 米。根状茎细长，有匍匐枝，茎直立，紫褐色，密生灰白色蛛丝状毛。叶互生，上面灰绿色，密布腺点，背

艾

面有灰白色或灰黄色蛛丝状毛，上部叶渐小。头状花序长圆钟形，长3～4毫米，直径2～2.5毫米，下垂，在茎顶头状花序再排成小型的穗状、复穗状或圆锥状复花序。头状花序的总苞4～5层，被绵毛；花紫色，边花（外轮花）雌性，两侧对称；盘花（内轮花）两性，辐射对称；花托无托毛。瘦果长圆形。花期8～9月，果期9～10月。

◆ 药用价值

艾全草入药，药名"艾叶"。又气味浓烈，叶、茎含芳香油，有杀菌消毒作用。入药可理气血、温经、止血、安胎。艾叶油有平喘、镇咳、祛痰和消炎的功能。叶加工为绒，称艾绒，是灸法治病的原料。古人认为艾可避邪祛秽，端阳节采艾作饰或插门上以除毒。

黄花蒿

黄花蒿是被子植物真双子叶植物菊目菊科蒿属的一种一年生草本植物。

◆ 分布

黄花蒿分布于欧洲、亚洲的温带、寒温带及亚热带地区；从亚洲北部迁入北美洲，并广布于加拿大及美国。遍及中国全境，生长在路旁、荒地、山坡、林缘，甚至在盐渍化的土壤上也能生长，在一些地区已成为植物群落的优势种或主要伴生种。

◆ 形态特征

黄花蒿，一年生草本，植株有浓烈的挥发性香气。茎单生，高可达2米，多分枝。茎下部的叶宽卵形或三角状卵形，两面具细小脱落性的白色腺点及细小凹点，3（～4）回栉齿状羽状深裂，每侧有裂片5～8（～10）枚，裂片中肋在上面稍隆起；叶柄长1～2厘米，基部有半抱茎的假托叶；中部的叶2（～3）回栉齿状羽状深裂，小裂片栉齿状三角形；上部叶与苞片叶1（～2）回栉齿状羽状深裂，近无柄。头状花序球形，多数，有短梗，下垂或倾斜，在分枝上再排成总状或复总状，

黄花蒿

整个植株形成圆锥花序；每个头状花序的总苞片3～4层，外层总苞片长卵形或狭长椭圆形，中肋绿色，边缘膜质，中层、内层总苞片宽卵形或卵形；花序托凸起，半球形；花黄色，边缘花为雌性，10～18朵，花冠狭管状、两侧对称，花柱线形，伸出花冠外；盘花10～30朵，两性、管状、辐射对称，结实或中央少数不结实，花柱与花冠近等长。果为瘦果，椭圆状卵形，略扁。花果期8～11月。

◆ **药用价值**

古本草书记述的"草蒿"（《神农本草经》）、"青蒿"与"黄花蒿"（《本草纲目》）无异，中药习称"青蒿"，入药可清热、解暑、截疟、凉血、利尿、健胃、止盗汗，此外，还可作外用药。含挥发油、青蒿素、青蒿内酯Ⅰ、青蒿内酯Ⅱ、α-蒎烯、樟脑、桉叶油素、青蒿酮等，此外还含黄酮类化合物；地上部分还含东莨菪内酯类化合物。青蒿素为倍半萜内酯化合物，为抗疟的主要有效成分，可治各种类型的疟疾，具有速效、

低毒的优点，对恶性疟及脑疟尤佳。中国科学家屠呦呦因从本种植物中分离出了治疗疟疾的青蒿素，荣获 2015 年诺贝尔生理学或医学奖。

沙 参

沙参是被子植物真双子叶植物菊目桔梗科沙参属的一种。名称源自《神农本草经》。李时珍曰："沙参白色，宜于沙地，故名。"清代张石顽的《本经逢原》将沙参分为南、北两种。《本草正义》谓："沙参古无南北之别，石顽《逢原》。始言沙参有南北二种，北者质坚性寒，南者质虚力微。"

◆ 分布

沙参分布于中国甘肃、陕西、华中、长江中下游及西南地区。朝鲜半岛也有分布，并在日本归化。

沙参花

◆ 形态特征

沙参为多年生草本植物，有乳汁。茎单一或有分枝，高 40 ～ 100 厘米。叶互生，大多无柄或茎下部有极短的柄，长 2.5 ～ 5 厘米，宽 1.5 ～ 2.5 厘米，边缘有重锯齿，上面绿色，下面淡绿色。圆锥花序或假总状花序，花梗、苞片和花萼筒部均有极短的毛，花萼裂片披针形，全缘，有毛。花冠宽钟形，蓝紫色，外面多少有毛。花柱稍露出花冠之外。花盘粗短，长 1 ～ 1.8

毫米。蒴果，在下位部分孔裂。种子小而多。花期 8 ～ 10 月。

◆ **药用价值**

根含三萜类（蒲公英赛酮和羽扁豆烯酮）和甾体类（棕榈酰 -β- 谷甾醇、β- 谷甾醇和胡萝卜苷）。无毒，甘而微苦，有养阴清肺、祛痰止咳之功效，亦可食用。

锁　阳

锁阳是被子植物真双子叶植物虎耳草目锁阳科锁阳属的一种。

◆ **分布**

锁阳分布于中国新疆、青海、甘肃、内蒙古、陕西等地。生于干旱及含盐碱的沙地生境中，常寄生在白刺科白刺的根上。蒙古国、中亚、伊朗等国家和地区也有分布。

◆ **形态特征**

锁阳为多年生肉质寄生草本植物。无叶绿素，高 15 ～ 80 厘米。茎圆柱状，直立，棕褐色，有散生鳞片，基部膨大，埋藏土中。肉穗花序生于茎顶，棒状，长 5 ～ 16 厘米，直径 2 ～ 6 厘米；其上着生密集的花和鳞片状苞片；花小、杂性，暗紫色，有香气；雄花花被片通常为 4，条形；雄蕊 1，花丝粗，深红色，当花盛开时长于花

锁阳

被片；花药丁字形着生，深紫红色；雌蕊退化；雌花花被片 5～6，条状披针形；花柱棒状，上部紫红色；柱头平截；子房半下位，内含胚珠 1 枚；雄花退化；两性花少见。果为坚果状、球形，很小。果皮白色，顶端宿存有浅黄色花柱。种子近球形，深红色，种皮坚硬而厚。花期 5～7 月，果期 6～7 月。

◆ 药用价值

锁阳全草入药，具有补肾阳、益精血、润肠通便之功效。常用于肾阳不足、精血亏虚、腰膝痿软、阳痿滑精和肠燥便秘。又因其富含鞣质，可提制栲胶，茎含淀粉，可制糕点和酿酒。

甘 草

甘草是被子植物真双子叶植物豆目豆科甘草属的一种。

◆ 分布

甘草主要分布于中国东北、华北、西北地区。

◆ 形态特征

甘草为多年生草本物植。茎直立，多分枝，高可达 120 厘米；根与根状茎粗壮，外皮褐色，里面淡黄色，具甜味；奇数羽状复叶，小叶 3～8 对，卵圆形，先端尖或钝。总状花序腋生，具多数花；花萼钟状，密被黄色腺点及短柔毛，基部偏斜并膨大呈囊状，萼齿 5；花冠紫色、白色或黄色，旗瓣长圆形，顶端微凹，基部具短瓣柄，翼瓣短于旗瓣，龙骨瓣短于翼瓣；子房密被刺毛状腺体。荚果弯曲呈镰刀状或环状，密集成

球，密生瘤状突起和刺毛状
腺体。种子 3 ～ 11，暗绿色，
圆形或肾形。花期 6 ～ 8 月，
果期 7 ～ 10 月。

甘草

◆ **药用价值**

甘草的根入药，为著名
中药。根及根状茎粗大，圆
柱形，剥去外皮呈黄色，含甘草酸，性平、味甘，具有和中缓急、清热
解毒、健脾和胃、调和诸药之功效，又可用作烟草加料剂及蜜饯、糖果
的香料。

紫花地丁

紫花地丁是被子植物真双子叶植物金虎尾目堇菜科堇菜属的一种。
名出《千金方》。

◆ **分布**

紫花地丁主要生于荒
地、草坡、林缘、灌丛等处，
海拔达 1700 米。广布于中
国安徽、重庆、福建、甘肃、
广东、广西、贵州、海南、
河北、黑龙江、河南、湖北、
江苏、江西、吉林、辽宁、

紫花地丁的花

内蒙古、宁夏、陕西、山东、山西、四川、台湾、云南、浙江。东南亚和东北亚也有分布。

◆ **形态特征**

紫花地丁为多年生草本植物。主根粗壮,白色至淡黄褐色。叶基生,狭披针形或卵状披针形,顶端圆或钝,基部截形或微心形,微下延于叶柄,边具浅圆齿。托叶膜质,常苍白色而较宽,花开后,叶通常增大成三角状披针形。花单生长化梗上,两性化,两侧对称。萼片5,卵状披针形,基部附器矩形或半圆形,顶端截形、圆形或有小齿。花瓣5,紫堇色,基部1片较大而伸长成距,侧瓣无须毛。雄蕊5,心皮3,合生,子房上位,1室,侧膜胎座3,胚珠多数。蒴果3裂,种子多数。花期4～5月,果期6～9月。

◆ **药用价值**

紫花地丁全草入药,能清热解毒、消肿。

委陵菜

委陵菜是被子植物真双子叶植物蔷薇目蔷薇科委陵菜属的一种。又称翻白菜。别称一白草、生血丹、扑地虎、五虎喻血、天青地白。名出《救荒本草》。

◆ **分布**

委陵菜生长在疏林下、林缘、灌丛、山坡、草地或沟边,海拔400～3200米。中国广布。蒙古、俄罗斯远东地区、韩国、日本也有分布。

◆ **形态特征**

委陵菜为多年生草本植物。高 15 ～ 50 厘米；根肥厚，圆柱形，稍木质化；茎直立，疏被茸毛或绢毛状长柔毛。奇数羽状复叶，基生叶叶柄长 4 ～ 25 厘米；托叶褐色，近膜质，背面具有白色绢毛状长柔毛；茎生叶有小叶 5 ～ 15 对，小叶无柄，对生或轮生，长圆形，倒卵形或长圆形披针形，大小为（1 ～ 5）厘米 ×（0.5 ～ 1.5）厘米，向叶片基部逐渐变小，背面白色被茸毛，叶脉上被白色绢毛状长柔毛，上面短柔毛或后脱落，中脉凹，边缘外卷，羽状半裂或深裂到中脉或近中脉，先端钝或锐尖；裂片三角状卵形、三角状披针形、长圆状披针形或线形；茎生叶类似于基生叶，但小叶较少；托叶绿色，草质，边缘锐锯齿。伞房状花序或聚伞状花序，花梗长 0.5 ～ 1.5 厘米，密被短柔毛，基部具披针形苞片。萼片三角状卵形，先端锐尖；副萼裂片带状或披针形，背面短柔毛和稍被绢毛状柔毛，先端狭锐尖。花瓣黄色，宽倒卵形，先端微缺。花柱近顶生，基部稍加厚，稍具乳突；柱头膨大。瘦果深棕色，卵球形，明显具皱纹。花果期 4 ～ 10 月。

委陵菜的叶

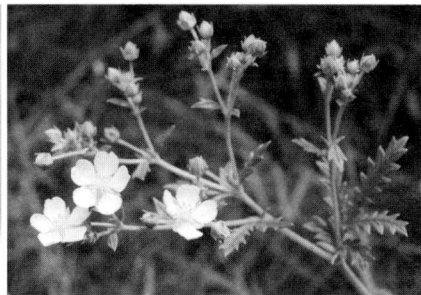

委陵菜的花

◆ **药用价值**

委陵菜全草可入药。根和嫩叶可食用。

苍 耳

苍耳

苍耳是被子植物真双子叶植物菊目菊科苍耳属的一种。名出《千金·食治》。苍耳古称卷耳,《诗经·周南·卷耳》云:"采采卷耳,不盈倾筐。嗟我怀人,置彼周行。"抒写了男女别后相思之情,故苍耳又称"常思"。

◆ **分布**

苍耳常生长于平原、丘陵、低山、荒野路边、田边。中国广布,世界性习见杂草。

◆ **形态特征**

苍耳为一年生草本植物,高20~90厘米。叶三角状卵形,长4~10厘米,宽5~12厘米,不分裂或3~5不明显浅裂,基出3脉。叶柄长达11厘米。雌雄同株。雄头状花序球形,密生柔毛。雄花花冠钟状,雌头状花序椭圆形,外层总苞片披针形,内层总苞片结合成囊状,果熟时总苞变硬质,外面疏生具钩的总苞刺,常有腺点,有喙。瘦果2,倒卵形。花期7~8月,果期8~9月。

◆ **药用价值**

苍耳带总苞的果实入药，称"苍耳子"，有散风祛湿、通鼻窍、止痛、止痒的作用。种子可榨油，作润滑油或制肥皂、油墨。此外，苍耳嫩苗可救饥。

骆驼蓬

骆驼蓬是被子植物真双子叶植物无患子目白刺科骆驼蓬属的一种，因新鲜枝叶有一种类似骆驼发出的特殊气味而得名。

◆ **分布与习性**

骆驼蓬分布范围从中国西北部经蒙古、哈萨克斯坦等中亚各国向西一直延伸到非洲北部。中国分布于甘肃、河北、山西、内蒙古、宁夏、青海和新疆等地区。习生于干旱草地、盐碱化荒地、沙质或黄土质山坡。

◆ **形态特征**

骆驼蓬为多年生草本植物；高 30 ～ 70 厘米，分枝多，铺地散生，无毛。根多数，粗达 2 厘米。叶互生，3 ～ 5 全裂，裂片条状披针形，长 3 厘米，托叶条形。花单生，常与叶对生，两性，萼片 5，披针形，有时顶端分裂，

骆驼蓬的花

长2厘米，花瓣5，倒卵状矩圆形，长1.5～2厘米，雄蕊15，子房3室，花柱3。蒴果近球形，褐色，熟时3瓣裂。种子三棱形，黑褐色。花期5～6月，果期7～9月。

◆ **价值**

骆驼蓬全草入药，祛湿解毒、活血止痛，亦有抗癌之功效。种子可作红色染料，种子油供轻工业用。为牧草植物。鲜草牲畜不食，干草可喂羊。

荨　麻

荨麻是被子植物真双子叶植物蔷薇目荨麻科荨麻属的一种。名出《益部方物略记》。

◆ **分布**

荨麻分布于中国安徽、云南、贵州、四川、湖北、湖南、河南、陕西、甘肃、广西、福建、浙江等省、自治区。生长在山地林中、路边、沟边、地边。越南也有分布。

荨麻

◆ **形态特征**

荨麻为多年生草本植物，高40～100厘米，有时达3米。全体具螫毛和反曲的微柔毛。茎四棱形，密生刺毛和被微柔毛。单叶，近膜质，对生，宽卵形、近五角形或近圆形，5～7浅裂或掌状3深裂。裂片自下向上逐渐增大，三角形，边缘有不规则锯齿，沿脉生螯毛，长5～15厘米，宽3～14厘米。先端渐尖或锐尖，基部截形或心形，侧脉每边3～6。叶柄长2～8厘米，有螯毛。托叶合生，卵形，长1～2厘米。花单性，雌雄同株，稀异株，圆锥或稀穗状花序。雌雄同株时，雄花序生于上部叶腋，雌花序生于下部叶腋。雄花小，直径约2.5毫米，花被片4。雄蕊4，退化雌蕊碗状，无柄，常白色透明。雌花序较短，雌花小，长约4毫米，柱头画笔头状。花期6～7月。瘦果卵形，小，长约1毫米，表面有带褐红色的细疣点。宿存花被片4。果期8～9月。

◆　**价值**

荨麻的药用历史长，有多种功效，如利尿、收敛、止血、祛痰，以及治疗皮炎等。茎皮纤维是高质量纤维。嫩叶在有些地方作蔬菜。

唐松草

唐松草是被子植物真双子叶植物毛茛目毛茛科唐松草属的一种。名出《中国高等植物图鉴》。

◆　**分布与习性**

唐松草分布于中国东北以及内蒙古、河北、山东、浙江、湖南东北部等地。在日本、俄罗斯也有分布。生长于海拔500～1800米的草原、山地林边草坡或林中。

唐松草，多年生草本，无毛。基生叶花时枯萎，托叶膜质。茎生叶互生，3～4回3出复叶。小叶膜质，顶生小叶倒卵形或近圆形，

唐松草

3浅裂，裂片全缘或具1～2粗齿，基部楔形或浅心形。圆锥花序伞房状，多分枝。花两性，径约1厘米。萼片白色或外面带紫色，宽椭圆形，早落，无花瓣。雄蕊多数，化丝丝状，梢窄十花药，花药顶端圆钝。雌蕊心皮6～8，有长心皮柄，离生。子房上位，1室，1胚珠，花柱短，柱头侧生。瘦果倒卵形，长4～8毫米，具3～4条纵翅，基部有长3～5毫米的细柄。花期7月，果期8月。

◆ 药用价值

唐松草全草可药用，根可治痈肿疮疖及腹泻等症。

旋覆花

旋覆花是菊科旋覆花属多年生草本植物。又称金钱花、六月菊等。以干燥头状花序入药，药材名旋覆花。

◆ 分布

旋覆花分布于中国大部分地区，以东北、华北、华东、华中及广西等地为多。蒙古、朝鲜、日本、俄罗斯西伯利亚地区也有分布。

◆ **形态特征**

旋覆花根茎短，横走或斜升，具须根。茎被长伏毛，或下部脱毛。基部叶花期枯萎；中部叶长圆形或长圆状披针形，有圆形半抱茎小耳，无柄，全缘或有疏齿，上面具疏毛或近无毛，下面具疏伏毛和腺点；上部叶渐小，线状披针形。头状花序径 3 ～ 4 厘米，排成疏散伞房花序；花序梗细长。总苞半球形，约 5 层，线状披针形，近等长，最外层常叶质，较长，外层基部革质，上部叶质，背面有伏毛或近无毛，有缘毛，内层干膜质，渐尖，有腺点和缘毛；舌状花黄色，管状花花冠冠毛白色。瘦果圆柱形。花期 6 ～ 10 月。果期 9 ～ 11 月。

旋覆花叶

◆ **生长习性**

旋覆花适应性强，耐热、耐寒，不耐旱。喜温暖、湿润气候。生长于海拔 150 ～ 2400 米的山坡路旁、湿润草地、河岸和田埂上。以土层深厚、疏松肥沃、富含腐殖质的沙壤土栽培为宜，重黏土及过于干燥地不宜栽培。忌连作。

◆ **繁殖方法**

旋覆花种子繁殖和分株繁殖均可。

◆ **栽培管理**

旋覆花栽培管理要点有：①选地与整地。选土层深厚、疏松肥沃、富含腐殖质的沙壤土。每亩施腐熟厩肥或堆肥3000～4000千克做基肥，深耕20～25厘米，耙细整平，畦宽1.2米。②田间管理。种子苗苗高3～5厘米时间苗。苗高5～10厘米时按株距15～20厘米定苗。每年5月和7月及雨后进行中耕除草，同时以人畜粪为主进行施肥。炎热干旱或人雨后表土板结时，及时松土，以减少水分蒸发。③病虫害防治。根腐病防治方法：多雨季节注意松土排水，发病后用石灰5千克加水100千克浇穴。

◆ **采收加工**

夏、秋二季花开放时采收。除去杂质，阴干或晒干。

◆ **药用价值**

药材旋覆花味苦、辛、咸，性微温。具有降气，消痰，行水，止呕功效。用于风寒咳嗽，痰饮蓄结，胸膈痞闷，喘咳痰多，呕吐噫气，心下痞硬。

牧草种类

华北驼绒藜

华北驼绒藜是藜科驼绒藜属多年生落叶半灌木。别称驼绒蒿。

◆ **分布**

华北驼绒藜为中国特有植物，分布于吉林、辽宁、河北、内蒙古、山西、陕西、甘肃（南部）和四川（松潘）。

◆ **形态特征**

华北驼绒藜株高 1 ～ 2 米，根系发达，枝条丛生，分枝集中于上部，全体被星状毛。叶互生，披针形，长 2 ～ 8 厘米，宽 1 ～ 2.5 厘米，先端锐尖或钝，基部楔形至圆形，全缘，具明显羽状叶脉。花单性，雌雄同株，雄花序细长而柔软，长 6 ～ 9 厘米；雌花管倒卵形，长 3 ～ 4 毫米，花管裂片短，为管长的 1/4 ～ 1/5，先端钝，略向后弯，果熟时管外中上部具 4 束长毛，下部有短毛。胞果倒卵形，被毛，花果期 6 ～ 9 月。

华北驼绒藜植株

◆ **生长习性**

生长于固定沙丘、沙地、荒地或山坡的干草原、草甸草原及荒漠草原。生态幅度较广，抗旱、耐寒、耐瘠薄，适应性较强，除低湿盐碱地、流动沙外，各类土壤均能生长。

◆ **繁殖**

华北驼绒藜主要有以下两种方法进行繁殖：①种子直播。选择壤土或沙壤土地块先整地再待雨后抢墒播种，条状耕翻的宜点播，全耕翻的宜撒播；播前种子去除混杂枝叶，播量 22.5 ～ 30 千克 / 公顷，种子小覆土约 1 厘米厚，发芽要求土壤湿度较高。育苗要选择适宜地块（壤土或沙壤土）作畦播种，杂草少可撒播，杂草多宜条播，条播行距 30～35 厘米。苗高 15～20 厘米时，应锄草。抓苗的关键是覆土深度及土壤湿度。②营养钵植苗移栽。在干草原或荒漠草原地区，由于雨季的迟早及降水量的多寡，可提前营养钵育苗，再移栽定植。当一年生苗高 60～70 厘米，可于第二年春（4 月初）和秋（10 月中下旬）移栽，移栽留根长度宜 5 厘米以上，春季移栽需灌溉 2 次以上；无灌溉条件时，将地上枝剪掉，留茬 7～10 厘米移栽。一般土壤含水量 8% 时能保证移植成功。移栽株行距 50 厘米×100 厘米。

当种子成熟后，可通过用手直接捋来收获，收获种子放在通风的室内或棚内阴干，每天翻动，防止发霉。

◆ 价值

华北驼绒藜的粗蛋白质、无氮浸出物含量较高，又富含钙、亮氨酸和赖氨酸等，为干旱半干旱草原区放牧及刈割草地优良饲用半灌木资源。骆驼、山羊、绵羊、马四季均喜食其枝叶，牛采食较差。可改良干旱区生态、防风固沙，是灌木防护带建设的重要生态草资源。

酸　模

酸模是蓼科酸模属多年生草本。别称蓝菜、水乔菜、牛舌棵等。

◆ 分布

酸模分布于中国南北各地区，朝鲜、日本、高加索、哈萨克斯坦、俄罗斯、欧洲及美洲也有分布。

◆ **形态特征**

酸模株高 40 ～ 100 厘米。根茎
肥厚，黄色。茎直立，具深沟槽，
常不分枝。基生叶和茎下部叶箭形，
长 3 ～ 12 厘米，宽 2 ～ 4 厘米，顶
端急尖或圆钝，基部急尖，全缘或
微波状；叶柄长 2 ～ 10 厘米；茎上
部叶较小，披针形，无柄而抱茎；
托叶鞘膜质，斜截形。花序狭圆锥状，
顶生；花单性，雌雄异株；花梗中
部具关节；花被片 6，2 轮，雄花内

酸模

轮花被片椭圆形，长约 3 毫米，外花被片较小，雄蕊 6；雌花内花被片
果时增大，圆形，直径 3.5 ～ 4 毫米，全缘，基部心形，基部具极小的
瘤，外轮花被片椭圆形，反折。柱头 3，画笔状。瘦果椭圆形，具 3 锐棱，
黑褐色，有光泽。花期 5 ～ 7 月，果期 6 ～ 8 月。

◆ **习性与繁殖**

生长于海拔 400 ～ 4100 米的山坡、林缘、沟边、路旁。酸模可通
过种子进行繁殖，要点有：①播种。播前将酸模种子清水泡 24 小时后
捞出晾干，在春秋两季地面温度不超过 35℃ 时，穴播于排水性能好、
酸碱度适中的肥沃地块，播量常为 225 克 / 公顷，播种深度 2 ～ 3 厘米，
株距约 20 厘米，每穴播 6 ～ 7 颗种子。播后及时浇水，保持湿润环境。
等长到 6 片叶子时，每穴定苗 3 ～ 4 株。②育苗移栽。方法与普通蔬菜

育苗方法一样，可营养体育苗，也可地下育苗。移栽时，选择 6 ～ 7 片叶片的幼苗移栽，利于成活。

定苗 1 个月后田间通常会长出酸模，其间，需清除杂草，给幼苗创造一个良好生长环境。酸模上常会出现菜青虫、白粉虱、夜蛾科昆虫等。7 ～ 9 月，在其幼虫孵化时，可用化学防治法去消灭这些害虫。

◆ 价值

酸模的根或全草入药，夏秋采收，晒干，具有清热、利尿、凉血、杀虫之功效，主治热痢、淋病、小便不通、吐血、恶疮、疥癣。嫩茎、叶可作蔬菜及饲料。

沙生冰草

沙生冰草是禾本科冰草属植物。又称荒漠冰草。

◆ 分布

沙生冰草原产于俄罗斯东部、西伯利亚西部、中亚寒冷干旱平原。中国吉林、辽宁、内蒙古、山西、甘肃、新疆等省、自治区均有野生。美国 1906 年从中亚引进，已成为美国西部大草原及加拿大中部干旱地区的重要栽培牧草之一。

◆ 形态特征

沙生冰草须根，密生，外具砂套。茎秆成疏丛，直立，叶鞘紧密包茎，无毛，高 20 ～ 70 厘米，具 2 ～ 3 节。叶片长 15 ～ 20 厘米，宽 0.6 ～ 0.8 毫米，多内卷成锥状。穗状花序直立，圆柱形，长 4 ～ 8 厘米，宽 5 ～ 10

毫米；小穗斜上，长5～10毫米，宽3～5毫米，含4～7小花。颖果，椭圆形，黄褐色，颖及稃上具芒尖。颖舟形，脊上具稀疏短柔毛；第1颖长3～4毫米，第2颖长4.5～5.5毫米，芒尖长1～2毫米。外稃舟形，长5.5～7毫米，通常无毛或有时背部以及边脉上多少具短刺毛，先端具长1～1.5毫米的芒尖。内稃脊上疏被短纤毛。千粒重约2.5克。

沙生冰草

◆ **生长习性**

沙生冰草抗寒耐旱，可在年降水量150～400毫米的地区生长，在-40℃的低温下安全越冬。在内蒙古呼和浩特地区4月中旬即返青，生长期达115天左右。对土壤要求不严，但通常喜生于沙质土壤、沙地、沙质坡地及沙丘间的低地，不耐盐渍化、沼泽化和酸性土壤。在沙地植被中主要作为伴生种出现，有时在局部覆沙地或沙质土壤上可成为优势种。

◆ **栽培管理**

选地与整地

沙生冰草适宜在中性或微碱性沙壤土或壤土上种植。土壤pH在

7～8最宜。整地质量的好坏是沙生冰草播种成败的关键，在荒漠草原地区最好采用压青整地，并耙糖整平。

选种与播种

沙生冰草颖果的颖及稃上的芒尖，播种时易堵塞排种管，造成缺苗断垄现象。故播种前要进行种子处理，清除杂质并断芒，以利播种。播种期4月底～8月初均可，最好在6～7月雨季播种，可保证出苗保苗。条播时行距30厘米，每亩播种量约为2千克。播深2～4厘米。与豆科牧草种子如牛枝子、草木樨状黄芪、山野豌豆等混播，既可减少堵塞排种管，并可增加产量，改善饲草品质。

田间管理

耕作。播种前宜深翻，深度20～25厘米。

施肥。沙生冰草在不施肥的条件下生长状况依然良好，颜色鲜绿，叶片较多。条件许可时，基肥施有机肥每亩300千克，在刈割后可追施尿素每亩不超过15千克，可显著提高产量、改善品质。

灌溉。可采用滴灌或喷灌，于生长期或刈割后进行适当灌溉。每亩灌水量40～60立方米。灌溉与施肥同时进行，可促进生长，提高水分和肥料利用率。

病虫害防治

沙生冰草的侵占性虽然强，但幼苗期生长缓慢，应加强杂草防除。沙生冰草抗病虫害能力强。沙生冰草偶发条锈病，潮湿环境或叶部下层偶发蚜虫，可喷药做防治处理。

◆ **采收与加工**

收获。沙生冰草开花期刈割较为适宜。留茬高度不宜太低，一般以4～6厘米为宜，以利再生草的生长。每年干草在250～300千克/亩。采收应于天晴、微风、无露水的天气进行。第1次刈割时间为花期，30～40天后进行第2次刈割或直接放牧。由于其耐牧性较强，也可直接将沙生冰草草地用作长期放牧草地使用。

收种。沙生冰草种子成熟后容易脱落，收种应在腊熟期进行。种子收获后要及时晾晒脱粒，在干燥、通风良好的条件下贮存。

◆ **价值**

沙生冰草既是干旱地区的重要禾本科牧草之一，也是沙地生态建设的重要草种。沙生冰草的鲜草草质柔软，为各种家畜喜食，尤以马、牛更喜食。可用以放牧、刈割青饲，或晒制干草。沙生冰草具有极强的抗旱、抗寒和固沙能力，根系发达，外有沙套保护，干旱严重时虽然生长停滞，但一遇雨水即可迅速恢复生长。

多花黑麦草

多花黑麦草是禾本科黑麦草属一年生、越年生或多年生草本植物。有时也被认为是黑麦草的亚种。

◆ **分布**

多花黑麦草原产欧洲，分布于非洲、亚洲。中国分布于新疆、陕西、河北、湖南、贵州、云南、四川、江西等省、自治区。

◆ 形态特征

多花黑麦草的秆丛生或单生，直立或基部偃卧节上生根，具4～5节，质软。叶鞘疏松，无毛；叶舌2～4毫米；有时具叶耳，长1～4毫米；叶片线形，先端急尖或钝，柔软，无毛，叶背常光亮。穗形穗状花序扁，直立或稍弯；小穗以背面对向穗轴，含10～15小花；第一颖退化，第二颖披针形到狭长圆形，边缘狭膜质，先端急尖或钝，或稍啮蚀状，具5～7脉；外稃长圆状披针形或长圆形，草质，顶端膜质，具5脉，基盘明显，或上部小穗具短芒，内稃与外稃约等长，边缘内折，两脊生短纤毛。颖果长圆形。其小穗、茎与黑麦草不同，小穗顶部生一个长长的毛，茎圆形。也易与披碱草属植物混淆。

◆ 繁殖

多花黑麦草以种子进行繁殖。10月中、下旬至入冬前，翌年早春均可发芽出苗，花果期5～8月。

◆ 价值

多花黑麦草可作为饲草，或覆盖植物，净化富营养水体。在美国有时也用于冬季覆盖植物，以阻止土壤流失，或改善土壤结构，为家畜提供替代饲料等。中国用作饲料。

霸　王

霸王是蒺藜科驼蹄瓣属超旱生小灌木。

◆ 分布

霸王广泛分布于亚洲中部荒漠区，是中国内蒙古西部、甘肃西部、宁夏西部、新疆、青海、西藏等干旱荒漠区灌丛植被的主要优势种和建群种。

◆ **形态特征**

霸王根系发达，主根粗壮，入土深度50～70厘米。株高50～120厘米。枝舒展，呈"之"字形弯曲。皮淡灰色，木质部黄色，先端具刺尖，坚硬。叶在老枝上簇生，幼枝上对生；叶柄长8～25毫米；小叶1对，长匙形，狭矩圆形或条形，长8～24毫米，宽2～5毫米，先端圆钝，基部渐狭，肉质。花生于老枝叶腋；萼片4，倒卵形，绿色，长4～7毫米；花瓣4，倒卵形或近圆形，淡黄色，长8～11毫米；雄蕊8，长于花瓣。蒴果近球形，长18～40毫米，翅宽5～9毫米，常3室，每室常1种子。种子肾形，黑褐色，长8～9毫米，宽约3毫米，千粒重为16～18克。返青较早，4月初芽开

霸王的叶

始萌动，4月中旬伴随着小叶萌动花芽开始萌发，花期可延续到4月末或5月初；6～7月果实成熟，8月果实脱落。秋霜后叶片脱落较快，属于荒漠地区首批落叶灌木。

◆ **生长习性**

霸王的物候节律与当年降水量关系不大，与前一年度的降水量相关。

生长区域的年平均降水量 50 ～ 150 毫米，大于等于 10℃ 的年活动积温 3000 ～ 4000℃·日。常生长于沙砾质、沙质荒漠等贫瘠土壤和盐渍化较重的严酷环境，抗逆性强，生态可塑性大，是优良的水土保持和防风固沙植物。霸王为中等饲用植物，骆驼、羊和兔子喜食幼嫩，其根可入药，老枝可作燃料。

经人工驯化栽培的霸王成株可高达 180 厘米左右，单株种子重和千粒种了重在相同年份较野生条件下可分别提高 57% 和 34%。种植第三年开始正常开花结实，在甘肃河西地区，结实后年平均种子产量可达 800 千克 / 公顷左右。

马　蔺

马蔺是鸢尾科鸢尾属多年生草本植物。别称白花马蔺、紫蓝草、兰花草、箭秆风。

◆ 分布与习性

马蔺分布于中国黑龙江、吉林、辽宁、内蒙古、河北、山西、山东、河南、安徽、江苏、浙江、湖北、湖南、陕西、甘肃、宁夏、青海、新疆、四川、西藏。朝鲜、俄罗斯及印度也有分布。生长于荒地、路旁、山坡草地，尤以过度放牧盐碱化草场较多。喜温暖湿润环境，忌水涝，耐盐碱，耐践踏，对土壤适应性强。

◆ 形态特征

马蔺株高 15 ～ 40 厘米，基部残存纤维状老叶叶鞘，呈棕褐色。根状茎粗壮，木质，须根粗而长，黄白色。叶基生，质坚韧，灰绿色，线性或狭剑形，微扭转，长 20 ～ 40 厘米，宽 4 ～ 6 毫米，顶端渐尖，基部鞘状，带红紫色。花茎高 3 ～ 10 厘米，被 3 片对摺叶状苞所包。花大，蓝紫色，1 ～ 3 朵，直径约 6 厘米；花被 6，外轮 3 片匙形，长约 4.5 厘米，内轮 3 片直立，倒披针形，长 5 ～ 6 厘米；雄蕊 3 枚，紧靠于弯曲花柱外侧，花药长，黄色，向外反卷，纵裂，花丝白色；子房下位；花柱 3，扁平，柱头 2 裂，蓝色，花瓣状。蒴果纺锤形，淡绿色有 3 棱，长 6 ～ 7 厘米，顶端有短喙。种子多数，多面体形，红褐色。花期 5 ～ 6 月，果期 6 ～ 9 月。

马蔺花

◆ **栽培管理**

马蔺的繁殖方法主要有两种：①种子繁殖。选择光照足、土壤疏松肥沃、排水好、富含有机质地块，深翻整地，整成中间高、四周低形状。可放入腐熟有机肥，并施入过磷酸钙和草木灰等含磷、钾较高肥料作基肥。种子自然萌发率低，将其浸泡 24 小时后再切去种皮；或将其用 0.5% 高锰酸钾浸泡 24 小时杀菌消毒，破除休眠后晾干，以提高其发芽率。5 月中上旬，地温达 10℃ 以上时，采用条播，按行距 30 厘米、株距 8 ～ 10 厘米、播深 1 ～ 2 厘米，播 2 ～ 3 粒于沟中，覆土厚度 1 厘米，然后镇压。播量 60 ～ 75 千克 / 公顷。也可在夏季和秋季播种。成熟种子约 25

天开始萌发，约35天出苗。播种当年就可形成繁茂植被，第三年开花，并可结实。②分株繁殖和移植。在春季花后7～14天或植株进入休眠期后，选择生长旺盛、生命力强、株型健壮植株。先将植株上部叶片全剪掉，基部保留15～20厘米长叶片，在根茎分割时，应保留植株上有2～3个不定芽，以确保植株正常生长，且能在第二年开花；分株后栽种生根期要求土壤温度不能高于20℃，按株行距45～60厘米栽植，并及时清除杂草，注意防病虫害。在植株形成较完整营养器官时即可移植，栽植穴一般为10厘米×10厘米，深度为根茎顶部距土表8～10厘米；栽植完成后需浇1次水，要浇透，以利于植株根系快速生长；定苗后及时追肥。

马蔺的种子约35天出土，此间视土壤墒情，向土表小水喷灌，满足种子发芽需水量。出苗后整个生长季除特别干旱外，基本不需灌水，晚秋土壤上冻前灌封冻水2次，翌春浇1次萌芽水。在生长季中耕除2～3次，每周浇水1次；秋季地上部枯黄后，可将地上部分割下备用。3年生以上苗，在每年2月撒施腐熟有机肥3万千克/公顷。对于移植植株，要及时中耕除草，除杂草时防伤及根系。盛花期及时修剪残花，秋末及时清除枯叶。

马蔺的常见病害主要有根腐病、叶枯病、立枯病、锈病等，常见为害害虫有地老虎、根腐线虫、蚜虫等。栽植前一定要做好土壤和繁殖材料杀菌消毒工作。病虫害初期，及时处理病叶，可用40%氧化乐果稀释1500倍喷洒，以避免病虫害大面积发生，影响植株生长；还可喷洒15%粉锈宁可湿性粉剂1000倍液。幼虫为害盛期用90%晶体敌百虫

2000 倍液灌施，或用 50% 辛硫磷乳油 2000 倍液灌施。

在 9 月，蒴果逐渐成熟，果皮未开裂前，选择生长健壮母株，将果穗剪下，晒晾、后熟。待其干后，碾压使其果皮与种子分离，除杂质后低温干燥处贮藏。

◆ 价值

马蔺为优良观赏地被及镶边植物，也可作为水土保持和固土护坡植物。花晒干服用可利尿通便，种子和根可除湿热、止血、解毒，种子有退烧、解毒、驱虫之功效。产草量高，营养成分丰富，各类牲畜尤其绵羊喜食。可代替麻生产纸、绳，叶是编制工艺品原料，根可制作刷子。

有毒有害种类

豚 草

豚草是被子植物真双子叶植物菊目菊科豚草属的一种一年生草本植物。

◆ 分布

豚草原产于北美洲。已传入中国成为野生杂草，见于东北、华北、华中、华东、华南等地区。

◆ 形态特征

豚草高 20 ～ 150 厘米。有糙毛。茎上部叶互生，叶片羽裂，下部叶对生，二回羽裂。花单性同株，雄头状花序有细梗，排成总状花序；总苞碟形，径 2 ～ 5 毫米，有波齿。雌头状花序无梗，生在雄头状花序下面，或在茎上部叶腋生，单个或 2～3 个聚生，各具 1 雌花，无花被；花柱丝状，2 深裂。瘦果倒卵形，顶端有尖嘴，近顶部处有 4～6 个光刺。花果期 7～9 月。繁殖能力极强，种子繁殖。

◆ **毒性**

豚草是花粉过敏症的过敏原植物。

毒 芹

毒芹是伞形科毒芹属多年生有毒粗壮草本植物。别称野芹菜、白头翁、毒人参、芹叶钩吻、斑毒芹、走马芹等。

◆ **分布与习性**

毒芹主要分布在北温带地区。在中国，分布于黑龙江、吉林、辽宁、内蒙古、河北、山西、陕西、甘肃、新疆等地，以东北、西北草原湿地为最多。生于海拔 400～2900 米杂木林下、沼泽地、湿地或水沟边。

◆ **形态特征**

毒芹株高 70～100 厘米或 1 米以上。主根短缩，支根多数，根状茎有节，内有横膈膜。茎单生，中空，基部有时略带淡紫色，上部有分枝，枝条上升开展。基生叶柄长 15～30 厘米，叶鞘膜质，抱茎；叶片轮廓呈三角形或三角状披针形，2～3 回羽状分裂；最上部茎生叶 1～2 回羽状分裂，末回裂片狭披针形。复伞形花序顶生或腋生，花序梗长 2.5～10 厘米，无毛；总苞片常无或有一线形苞片；伞辐 6～25，近等长，长 2～3.5 厘米；小总苞片多数，线状披针形，长 3～5 毫米，宽 0.5～0.7 毫米，顶端长尖。小伞形花序有花 15～35 个，花柄长 4～7 毫米；萼齿明显，卵状三角形；花瓣白色，倒卵形或近圆形，长 1.5 ～ 2 毫米，宽 1 ～ 1.5 毫米；花丝长约 2.5 毫米，花药近卵圆形；花柱基幼时扁压，光滑；花柱短，长约 1 毫米，向外反折。分生果近卵圆形，长、宽 2 ～ 3 毫米。花期为 7 ～ 8 月，果期为 8 ～ 9 月。

◆ **毒性与危害**

毒芹全草有毒，以根茎毒性大。主要有毒成分为毒芹碱（毒芹毒素）、甲基毒芹碱、羟基毒芹碱等生物碱。毒芹鲜根中毒量：马为 0.1 克 / 千克体重，牛为 0.13 克 / 千克体重，羊为 0.11 克 / 千克体重，猪为 0.15 克 / 千克体重。根茎致死量：牛为 200 ～ 250 克，绵羊为 60 ～ 80 克。毒芹毒素是类脂质物质，经胃肠道被迅速吸收，并扩散到整个机体，首先作用于延脑和脊位，引起兴奋性增强和强直性痉挛；同时，刺激心血管中枢和迷走神经，导致呼吸、血压、心脏功能障碍。运动神经受抑制，骨位肌发生麻痹，终因呼吸麻痹而死亡。此外，在妊娠期也造成家畜流产和畸形胎。

牛、羊采食毒芹后在 1.5 ～ 3 小时出现中毒症状，初期表现为兴奋不安，狂跑吼叫，跳跃，瘤胃臌气，出现强直性或阵发性痉挛，突然倒地，头颈后仰，四肢强直，牙关紧闭，瞳孔散大；病至后期，体温下降，步态不稳或卧地不起，四肢不断做游泳样动作，知觉消失，末梢冰凉，多于 1 ～ 2 小时内死亡。马采食毒芹中毒时，轻者口吐泡沫，脉搏增数，瞳孔散大，肩、颈部肌肉痉挛；严重病例，腹痛，腹泻，口角充满白色泡沫，强直性痉挛，各种反射减弱或消失，体温下降，呼吸困难，脉搏加快，牙关紧闭，常常倒地，头后仰，最终因呼吸中枢麻痹而死亡。

◆ 防控技术

毒芹中毒多发生于早春与晚秋。春季，毒芹比其他牧草萌发早，在开始放牧时由于牛羊贪青和饥不择食，采食毒芹的细苗或生长在地表的根茎而造成中毒。因此，春秋严格掌握放牧时期，在其他牧草没有完全生长出来时，不过早放牧。同时，避免在低洼沟塘、河边草甸等有毒芹生长的地方放牧。注意混有毒芹的干草不能作为饲料。对于毒芹大量分布区域，可采用人工铲除，铲除后对其残根进行集中烧毁处理。牲畜毒芹中毒没有特效解毒药物，中毒后只能采取一般解毒治疗和对症治疗。

◆ 用途

毒芹全草入药，有拔毒、祛瘀、止痛功效，用于治疗慢性骨髓炎、痛风、风湿痛等病症。此外，可利用毒芹所含毒芹毒素研发生物源农药，对鼠类有一定驱避效果。

准噶尔乌头

准噶尔乌头是毛茛科乌头属多年生有毒草本植物。别称圆叶乌头、小叶芦、草乌、蓝靰鞡花。

◆ 分布与习性

准噶尔乌头在中国分布于新疆北部，在克什米尔等地也有分布。生于海拔 1500～1600 米的山地草甸、高山草甸、山坡草地、云杉林下或灌木丛。尤其在新疆伊犁河谷退化草原和新疆阿尔泰山山脉林间草原形成优势种群，危害草地生态安全。

◆ **形态特征**

准噶尔乌头的块根倒圆锥形，长 2 ～ 3 厘米，粗 0.7 ～ 1.2 厘米，2 ～ 4 枚形成水平的链。茎高 70 ～ 110 厘米，无毛，等距离生叶，不分枝或分枝。茎下部叶有长柄，在开花时枯萎，中部叶有稍长柄；叶片五角形，长约 8 厘米，宽约 12 厘米，三全裂，中央全裂片宽卵形，基部突变狭成短柄，近羽状深裂，深裂片 2 ～ 3 对，末回裂片线形或披针状线形，宽 3 ～ 5 毫米，边缘干时稍反卷，两面无毛或几无毛；叶柄比叶片稍短，无鞘。顶生总状花序长 14 ～ 18 厘米，有 7 ～ 15 花；轴和花梗均无毛；下部苞片叶状，中部以上线形；花梗长 1.5 ～ 3.2 厘米，向上直伸；小苞片生花梗中部之上，钻形，长 2 ～ 3 毫米；萼片紫蓝色，上萼片无毛，盔形，高约 1.8 厘米，自基部至喙长约 1.6 厘米，侧萼片长约 1.4 厘米，只疏被缘毛，下萼片狭椭圆形；花瓣无毛，瓣片大，唇长约 6 毫米，距长 1.5 ～ 2 毫米，向后弯曲；雄蕊无毛，花丝全缘；心皮 3，无毛。蓇葖长 1.2 ～ 1.5 厘米；种子倒圆锥形，有三纵棱，沿棱有狭翅，只一面有波状横翅。开花期为 8 ～ 9 月。

◆ **毒性与危害**

准噶尔乌头全草及块根有毒，块根毒性最大。主要毒性成分为乌头碱、次乌头碱、异乌头碱等二萜类生物碱，具心脏毒性和神经毒性。马、牛、羊均可中毒，牛对准噶尔乌头耐受力最强。各种牲畜误食准格尔乌头后，可引起中枢神经麻痹，实质器官受到损害。主要表现为口唇、舌及四肢麻木，流涎、恶心、呕吐、肢冷，脉弱，进而出现呼吸困难，四肢抽搐及昏迷，血压下降或测不到，心率失常或出现严重心律不齐，乃至猝死。中毒后快者 1～2 小时，慢者 8～11 小时后可出现死亡。

◆ 防控技术

禁止在准噶尔乌头生长较多的地区放牧，特别是春季牧草缺乏时，以防采食引起中毒。在准噶尔乌头生长优势区，可采取物理或化学防控技术，控制其扩散和蔓延；同时，补播优良牧草，以恢复草地植被。

◆ 用途

据《新疆中草药手册》记载，其块根有剧毒，可药用，有散风寒、除湿和止痛功效。

露蕊乌头

露蕊乌头是毛茛科乌头属一年生有毒草本植物。别称罗贴巴、孩儿菊。

◆ 分布与习性

露蕊乌头在中国分布于西藏、四川西部、青海、甘肃南部等地。生于海拔 1550～3800 米山地草坡、田边草地或河边沙地。

◆ 形态特征

露蕊乌头根近圆柱形，长 5～14 厘米，粗 1.5～4.5 毫米。茎高（6～）25～55（～100）厘米，被短柔毛，常分枝；叶片宽卵形或三角状卵形，长 3.5～6.4 厘米，宽 4～5 厘米，三全裂，全裂片二至三回深裂；总状花序有 6～16 花；萼片蓝紫色，少有白色，有较长爪，上萼片船形；花瓣瓣片宽 6～8 毫米，疏被缘毛，距短，头状，疏被短毛；花丝疏被短毛；

心皮 6～13，子房有柔毛；
种子倒卵球形，长约 1.5 毫米，
密生横狭翅；花期为 6～8 月。

◆ 毒性与危害

露蕊乌头全草有毒。主
要有毒成分为乌头碱、次乌
头碱、异乌头碱等二萜类生
物碱，具有心脏毒性和神经
毒性。对各种动物均有毒性，
毒性作用及中毒症状与准噶
尔乌头相似。

◆ 防控技术

与准噶尔乌头相似。

◆ 用途

块根

花茎

露蕊乌头

露蕊乌头药用，有祛风镇静、驱虫杀蛆等功效，主治关节疼痛、风
湿等病症；中国青海民间常用全草杀灭苍蝇、蚊子、老鼠和蟑螂。

白喉乌头

白喉乌头是毛茛科乌头属多年生有毒草本植物。别称断肠草。

◆ 分布与习性

白喉乌头在中国分布于新疆、甘肃、内蒙古、山西等地的山地草甸，
尤其在新疆伊犁、阿尔泰地区作为山地草甸优势种或建群种，形成占据

优势群落的毒草之一，危害草地生态安全。哈萨克斯坦等中亚地区也有分布。生于海拔 1400 ～ 2550 米且降水量充分的山地草甸的河谷、盆地及中山带的山地草坡。

◆ 形态特征

白喉乌头茎高约 1 米，中部以下疏被反曲短柔毛或几无毛，上部有开展腺毛。基生叶约 1 枚，与茎下部叶具长柄；叶片形状与高乌头极相似，长达 14 厘米，宽达 18 厘米，表面无毛或几无毛，背疏被短曲毛（毛长 0.5 ～ 0.8 毫米）；叶柄长 20 ～ 30 厘米。总状花序长 20 ～ 45 厘米，有多数密集花；轴和花梗密被开展淡黄色短腺毛；基部苞片三裂，其他苞片线形，比花梗长或近等长，长达 3 厘米；花梗长 1 ～ 3 厘米，中部以上的近向上直展；小苞片生花梗中部或下部，狭线形或丝形，长 3 ～ 8 毫米；萼片淡蓝紫色，下部带白色，外被短柔毛，上萼片圆筒形，高 1.5 ～ 2.4 厘米，中部粗 4 ～ 5 毫米，外缘在中部缢缩，然后向外下方斜展，下缘长 0.9 ～ 1.5 厘米；花瓣无毛，距比唇长，稍蜷卷；雄蕊无毛，花丝全缘；心皮 3 个，无毛。蓇葖长 1 ～ 1.2 厘米；种子倒卵形，有不明显 3 纵棱，生横狭翅。花期为 7 ～ 8 月。

◆ 毒性与危害

白喉乌头全草有毒，块根毒性最大。主要毒性成分为乌头碱、中乌头碱、次乌头碱、异乌头碱等二萜类生物碱，具心脏毒性和神经毒性。

马、牛、猪、羊均可中毒，牛对白喉乌头耐受力最强，中毒症状和准噶尔乌头相似。白喉乌头是新疆伊犁河谷山地草甸广泛分布的多年生有毒植物，仅在新源县危害面积就达 13.5 万公顷，约占全县可利用草地的 30%，且每年以 0.30 万～0.36 万公顷速度蔓延，严重影响草地产量与质量、牲畜生长与繁殖功能及草地畜牧业发展。造成白喉乌头蔓延的原因：一方面由于过度放牧以及牲畜选择性取食，使白喉乌头地上部分处于明显竞争优势；另一方面，白喉乌头根部化感物质能显著抑制牧草根生长，进而影响牧草种子萌根及地下竞争力。特别是白喉乌头的化感作用可能是导致其在整个草地群落形成优势种的重要原因。2014 年，新疆阿勒泰地区富蕴县因误食白喉乌头死亡牲畜 113 头，经济损失 120 万元。

◆ 防控技术

禁止在白喉乌头生长较多地区放牧，特别是春季牧草缺乏时，以防采食时引起中毒。在白喉乌头生长优势区，可采取物理或化学防控技术，控制其扩散和蔓延；同时，补播优良牧草。动物中毒后，尚无特效解毒药，只能采取一般解毒措施和对症治疗。发现中毒应立即脱离乌头属有毒植物分布草场。早期应即刻催吐、洗胃和导泻。洗胃液可用 0.1% 高锰酸钾或 0.5% 鞣酸溶液。导泻剂可在洗胃后往胃管中注入硫酸钠或硫酸镁。也可用 2% 盐水高位结肠灌洗。静脉注射葡萄糖和葡萄糖盐水，以促进毒物的排泄。对心跳缓慢，心律失常者可皮下或肌内注射阿托品，4～6 小时可重复注射，必要时可将阿托品加入葡萄糖溶液中缓慢静注。

◆ 用途

白喉乌头块根可入药，具除湿镇痛之功效。

工布乌头

工布乌头是毛茛科乌头属多年生有毒草本植物。别称雪上一枝蒿、西藏乌头。

◆ 分布与习性

工布乌头分布于中国西藏、四川西部，海拔 3050 ～ 3650 米山坡草地或灌丛。

◆ 形态特征

工布乌头株高达 180 厘米，块根近圆柱形；茎直立，不分枝或分枝，上部密被短曲反绒毛；叶互生，下部叶柄与叶片等长，上部叶柄比叶片短甚多；叶片心状卵形，略呈五角形，长和宽均可达 15 厘米，3 全裂，中央全裂片菱形，全裂片近羽状深裂，深裂片线状披针形，侧全裂片斜扇形，两面无毛或叶脉疏被短柔毛；总状花序长达 60 厘米，有多花，与分枝上花序形成圆锥花序；下部苞片叶状，上部苞片披针形；小苞片生花梗中部或中部以上，下部花梗的小苞片似叶，上部花梗的小苞片线形；花两性，两侧对称；萼片 5 片，上萼片盔形或船状盔形，具短爪，高 1.5 ～ 2 厘米，基部至喙长 1.5 ～ 2 厘米；下缘凹，外缘稍斜，喙三角形，长约 5 毫米，侧萼片长 1.5 厘米，下萼片长 1.3 ～ 1.5 厘米，白色略带紫色或淡紫色，外被短柔毛；花瓣 2 片，瓣片长约 8 毫米，向后反曲，疏被短毛；雄蕊多数，花丝全缘，无毛；心皮 3 ～ 4 个，无毛或疏被白色短柔毛；种子多数；花期为 7 ～ 8 月，果期为 8 ～ 9 月。

◆ 毒性与危害

工布乌头全草及块根有毒，以块根毒性最强。主要毒性成分是乌头碱、次乌头碱等二萜类生物碱，具神经毒性和心脏毒性。

各种牲畜误食工布乌头后均可在数十分钟至数小时内引起中毒，严重者致死，呈急性中毒过程。主要症状为流涎、轧齿、恶心、呕吐、腹痛、腹泻；心悸、心律不齐、频发期外收缩和阵发性心动过速、脉搏细弱；呼吸减慢而不规则，呼吸困难、全身衰弱、四肢麻痹；重者病情恶化，病畜昏睡乃至昏迷、血压下降、体温降低、瞳孔散大、四肢搐搦、心律不齐、心房颤动，最后因呼吸和心脏衰竭而死。马中毒后表现为流涎、抑郁、脉搏微动、出冷汗、呼吸困难；牛中毒后表现为剧烈兴奋，不久精神委顿，步态不稳，卧倒不起，最后呼吸停止而死亡；羊中毒后表现为流涎，流鼻涕，不定时排尿排粪，脉搏快而弱，呼吸困难，膨气，委顿，知觉丧失，最后死亡。

◆ **防控技术**

禁止在工布乌头生长较多地区放牧，特别是春季牧草缺乏时，以防牲畜采食引起中毒。在工布乌头生长优势区，可采取物理或化学防控技术，控制其扩散和蔓延；同时，补播优良牧草。牲畜中毒后尚无特效解毒药，只能采取一般解毒措施和对症治疗。用 0.1% 高锰酸钾或 0.5% 鞣酸溶液洗胃，并灌服活性炭、氧化镁等；用抗胆碱药、缓和迷走神经的兴奋，常用阿托品皮下注射；心律不齐可用利多卡因静脉滴注；若出现后肢麻痹，呼吸衰竭时，可皮下注射硝酸士的宁。

◆ **用途**

工布乌头可药用，块根可入药，有祛风除湿、止痛等功效，主治风湿关节疼痛、跌打损伤、毒虫咬伤等病症。

翠 雀

翠雀是毛茛科翠雀属多年生有毒草本植物。别称大花飞燕草、鸽子花、百部草、鸡爪连、飞燕草等。

◆ 分布与习性

翠雀在中国分布于黑龙江、吉林、辽宁、山西、河北、甘肃、宁夏、青海、四川、云南、西藏等地。生于海拔 500～2800 米的山地、疏林下、草坡、丘陵沙地或较阴湿处。

◆ 形态特征

翠雀茎高 35～65 厘米，与叶柄均被反曲而贴伏的短柔毛，上部有时无毛，等距地生叶，分枝。基生叶和茎下部叶有长柄；叶片圆五角形，长 2.2～6 厘米，宽 4～8.5 厘米，三全裂，中央全裂片近菱形，一至二回三裂近中脉，小裂片线状披针形至线形，宽 0.6～3.5 毫米，边缘干时稍反卷，侧全裂片扇形，不等二深裂近基部，两面疏被短柔毛或近无毛；叶柄长为叶片的 3～4 倍，基部具短鞘。总状花序有 3～15 花；下部苞片叶状，其他苞片线形；花梗长 1.5～3.8 厘米，与轴密被贴伏白色短柔毛；小苞片生花梗中部或上部，线形或丝形，长 3.5～7.0 毫米；萼片紫蓝色，椭圆形或宽椭圆形，长 1.2～1.8 厘米，外有短柔毛，距钻形，长 1.7～2.3 厘米，直或末端稍向下弯曲；花瓣蓝色，无毛，顶端圆形；退化雄蕊蓝色，瓣片近圆形或宽倒卵形，顶端全缘或微凹，腹面中央有黄色髯毛；雄蕊无毛；心皮 3，子房密被贴伏短柔毛。蓇葖果直，长 1.4～1.9 厘米；种子倒卵状四面体形，长约 2 毫米，沿棱有翅。花期为 6～8 月，果期为 9～10 月。

◆ **毒性与危害**

翠雀全株有毒，以种子和根毒性较大。一般鲜草毒性大，枯萎后毒性减弱。主要有毒成分为翠雀碱、牛扁碱、甲基牛扁碱、飞燕草碱等二萜类生物碱。翠雀所含的毒性生物碱作用类似乌头碱，对消化道黏膜有剧烈刺激作用，可引起呕吐、腹泻、腹痛等胃肠炎症状。毒素吸收后，引起呼吸活动减弱，心肌衰弱，血压下降，往往在心脏扩张期使心脏停止跳动。毒素作用于脊髓引起反射丧失和麻痹，作用于骨骼肌引起纤维性抽搐。

翠雀主要为害牛、马和羊，以牛最易中毒，羊有一定耐受性。试验证明，当牛采食翠雀量超过体重 3% 时即可引起中毒。牲畜中毒后主要表现为流涎、呕吐、腹痛、步态摇摆、痉挛、麻痹，严重者因循环衰竭死亡。

◆ **防控技术**

应避免在翠雀集中分布草地放牧牲畜是防控关键。在翠雀大面积发生区，可采取禁牧、人工铲除和补播等措施，控制其种群数量，提高优良可食牧草数量，促进草原植被恢复，遏制草原生态进一步恶化。也可在翠雀丛生处，采取 1 年刈割 4 次来清除草场上翠雀。中毒牲畜尚无特效解毒疗法，只能采取对症治疗。

◆ **用途**

翠雀根可入药，有镇痛、抗菌消炎、抗心律失常、局部麻醉等功效，主治风热牙痛、痢疾、哮喘、疥癣等病症。翠雀花形别致，色彩淡雅，花形似蓝色飞燕落满枝头，又称飞燕草，是珍贵蓝色花卉资源，故也可作为园林绿化、花坛花卉等观赏栽培植物。

飞 廉

飞廉是菊科飞廉属二年生或多年生有害草本植物。别称飞轻、天荠、伏猪、伏兔、飞雉、飞廉蒿、老牛错、红花草、刺打草、雷公菜、枫头棵、飞帘、红马刺、刺盖、刺萝卜、大蓟等。

◆ 分布与习性

飞廉在中国主要分布于新疆天山山脉、准噶尔阿拉套山脉、准噶尔盆地，四川凉山州各县和石渠、色达、德格、理塘县及阿坝州各县，西藏阿里地区，内蒙古、宁夏、甘肃等地均有分布；国际上，分布于欧洲、北非等地。生于海拔 540 ～ 2300 米的山谷、田边、山坡草地、荒野、路旁或亚高山草甸。喜碱性钙质沙土。

◆ 形态特征

飞廉主根肥厚，伸直或偏斜，茎直立，高 70 ～ 100 厘米，具纵条棱，并附有绿色翼，翼有齿刺。下部叶椭圆状披针形，长 5 ～ 20 厘米，羽状深裂，裂片边缘具刺，上面绿色，具细毛或近乎光滑，下面具蛛丝状毛，后渐变光滑；上部叶渐小。头状花序 2 ～ 3 枚，着生于枝端，直径 1.5 ～ 2.5 厘米；总苞钟形，长约 2 厘米，宽 1.5 ～ 3 厘米，苞片多层，外层较内层渐变短，中层苞片线状披针形，先端长尖成刺状。向外反曲，内层苞片线形，膜质，稍带紫色。花全为管状花，两性，紫红色，花管长 15 ～ 16 毫米，先端 5 裂；雄蕊 5，花药合生；雌蕊 1，花柱细长，柱头 2 裂。瘦果长椭圆形，长 3 毫米，顶端平截，基部收缩；冠毛白色或灰白色，长约 15 毫米，呈刺毛状。花期为 6 ～ 7 月。

◆ 危害

飞廉为低等饲用植物，幼苗期山羊、绵羊、牛、马、驴均喜欢采食，现蕾至开花期，牛、马、羊仅采食其花蕾和花序，种子成熟后各类牲畜均不采食。植株成熟老化后，茎或叶等刺变硬，牲畜误食后易对口腔黏膜造成机械性损伤，引起口腔疾病。接触时划破皮肤造成机械性损伤，或混入被毛，影响皮革羊毛等畜产品质量。

◆ 防控技术

在飞廉集中分布草地，应加强牧场管理，减少飞廉对牲畜的危害，具体措施有：①加强管理，严格控制放牧时期。春季幼嫩时，飞廉茎叶适口性较好，牲畜喜欢采食，可适当在飞廉生长区域放牧；植株成熟老化后，茎或叶等刺变硬，对牲畜口腔、皮肤造成机械性刺伤，危害牲畜健康，影响毛皮质量，应及时转场。②建立围栏，划区轮牧。可根据天然草地飞廉分布情况，在飞廉优势分布区建立围栏，防止牲畜采食。③秋季飞廉成熟季节，鼓励牧民收割，粉碎后可为牲畜冬春季补充饲料。

◆ 用途

飞廉全草可入药，具散瘀止血、清热利湿等功效，主治吐血、鼻衄、尿血、风湿性关节炎、膏淋、小便涩痛等病症。现代药理研究发现，飞廉茎含降压生物碱飞廉碱和去氢飞廉碱，夏秋季节盛花期采收，可作为药用植物资源利用。

乳浆大戟

乳浆大戟是大戟科大戟属多年生有毒草本植物。别称猫眼草、烂疤眼、东北大戟、乳浆草等。

◆ 分布与习性

除海南、贵州、云南和西藏外，乳浆大戟分布于中国各地。生于海拔 800～4000 米的路旁、杂草丛、山坡、林下、河沟边、荒山、沙丘及草地。

◆ 形态特征

乳浆大戟根圆柱状，长 20 厘米以上，直径 3～5 毫米，不分枝或分枝，常曲折，褐色或黑褐色。茎单生或丛生，单生时自基部多分枝，高 30～60 厘米，直径 3～5 毫米；不育枝常发自基部，较矮，有时发自叶腋。叶线形至卵形，变化极不稳定，长 2～7 厘米，宽 4～7 毫米，先端尖或钝尖，基部楔形至平截；无叶柄；不育枝叶常为松针状，长 2～3 厘米，直径约 1 毫米；无柄；总苞叶 3～5 片，与茎生叶同形；伞幅 3～5，长 2～4 厘米；苞叶 2 枚，常为肾形，少为卵形或三角状卵形，长 4～12 毫米，宽 4～10 毫米，先端渐尖或近圆，基部近平截。花序单生于二歧分枝顶端，基部无柄；总苞钟状，高约 3 毫米，直径 2.5～3.0 毫米，边缘 5 裂，裂片半圆形至三角形，边缘及内侧被毛；腺体 4，新月形，两端具角，角长而尖或短而钝，变异幅度较大，褐色。雄花多枚，苞片宽线形，无毛；雌花 1 枚，子房柄明显伸出总苞外；子房光滑无毛；花柱 3，分离；柱头 2 裂。蒴果三棱状球形，长与直径均 5 ～ 6 毫米，具 3 个纵沟；花柱宿存；成熟时分裂为 3 个分果爿。种子卵球状，长2.5 ～ 3.0 毫米，直径 2.0 ～ 2.5 毫米，成熟时黄褐色；种阜盾状，无柄。花果期为 4 ～ 10 月。

◆ **毒性与危害**

乳浆大戟全草有毒，其乳浆含大戟苷、大戟苷元、大戟甾醇、巨大戟萜醇等有毒物质。这类毒性物质刺激性较强，能引起消化系统、呼吸系统、泌尿系统和中枢神经系统损伤。

牲畜采食后可引起流涎，剧烈呕吐，咳嗽，腹痛，肠蠕动亢进，腹泻，间或血便和痉挛等中毒症状。由于大戟苷具有抗肾上腺素作用，可引起毛细血管扩张，血压下降，心脏机能衰竭，泌尿减少，甚至无尿。还使牲畜头颈伸展，咳嗽，烦躁不安，呼吸困难，肌肉震颤，步态不稳，甚至角弓反张，颈屈曲，陷于昏睡、虚脱状态。对于妊娠母畜，由于扩张末梢血管和兴奋子宫，可引起流产。多呈急性中毒过程，往往于 1 ～ 2 天内发生循环虚脱而死亡。病理剖检可见胃肠道黏膜潮红、肿胀、出血和溃疡，肠系膜出血，肝脏和脾脏淤血、出血，肾脏出血，肺脏扩张和出血，脑及脑膜淤血出血。

◆ **防控技术**

在乳浆大戟集中分布天然草原，可采取禁牧、物理防控和补播等措施，以减少其种群数量，提高优良可食牧草数量，促进草原植被恢复。在有乳浆大戟生长草地刈割时，要彻底剔除饲草中混杂的乳浆大戟，以防误食引起中毒。中毒牲畜尚无特效解毒疗法，只能采取一般解毒疗法和对症治疗。应用 1% 食盐水洗胃，同时给予收敛剂和吸附剂，保护胃肠黏膜，减少渗出和吸收。给予轻泻剂，促进胃肠道有毒物质排出。根据病情发展，采取强心、补液、解痉止痛、镇静安神等措施，促使病情好转。

◆ 用途

乳浆大戟全草可入药，具利尿消肿、拔毒止痒、杀虫等功效，主治四肢浮肿、小便淋痛、肺结核、骨结核、各种恶疮等病症。现代药理研究发现，大戟属植物所含的二萜类成分有显著抗肿瘤、抗白血病等活性，可作为抗癌药物开发利用。

醉马草

醉马草是禾本科芨芨草属多年生有毒草本。别称醉针茅、马尿、醉针草、药草、药老、米米蒿、德里斯霍尔（蒙古语）等。

◆ 分布与习性

醉马草在中国分布于新疆、内蒙古、青海、甘肃、宁夏、河北、陕西、四川、西藏等地。生于海拔 1700 ～ 4200 米高山草原及亚高山的草原干燥处，在低矮山坡、山前草原及河滩、路旁形成优势群落。

◆ 形态特征

醉马草须根柔韧，秆直立，少数丛生，平滑，高 60 ～ 100 厘米，径 2.5 ～ 3.5 毫米，3 ～ 4 节；叶鞘稍粗糙，上部短于节间，叶鞘口具微毛；叶片质地较硬，直立，边缘常卷折，茎生者长 8 ～ 15 厘米，基生者长达 30 厘米，宽 2 ～ 10 毫米；圆锥花序紧密呈穗状，长 10 ～ 25 厘米，宽 1 ～ 2.5 厘米；小穗长 5 ～ 6 毫米，灰绿色或基部带紫色，成熟后变褐铜色，具 3 脉；外稃长约 4 毫米，背部密被柔毛，顶端具 2 微齿，具 3 脉；内稃具 2 脉，脉间被柔毛；花药长约 2 毫米，顶端具毫毛；颖果圆柱形，长约 3 毫米；花果期为 7 ～ 9 月。

◆ **毒性与危害**

醉马草全草有毒，干燥后仍具毒性。最初认为，醉马草中毒原因是其芒刺刺入动物皮肤、口腔、扁桃体等处引起物理性刺伤所致，而不是化学性中毒。科研人员经多年试验于 2009 年发现，牲畜采食醉马草中毒的真正原因是醉马草内生真菌侵入宿主产生麦角新碱、麦角酰胺等麦角类生物碱所致。醉马草是中国西北草原上主要毒草之一，为剧烈性常年有毒植物。马属动物采食醉马草鲜草达体重 1% 时即引起中毒。

马属动物及引进动物对醉马草敏感，本地动物有一定耐受性。马属动物在采食醉马草 30 ～ 60 分钟后出现中毒症状，表现为精神沉郁，食欲减退，口吐白沫，头低耳聋，闭眼流泪，行走摇晃，蹒跚如醉。有时狂暴发作，知觉过敏，起卧不安；有时突然倒地昏睡，类似脑炎症状。心跳加快，呼吸迫促，鼻翼扩张，结膜潮红或发绀，不断伸颈、摇头，尾巴翘起，肌肉震颤，全身出汗，频频排粪、排尿，体温正常。病畜停止采食醉马草后 6 ～ 12 小时症状逐渐缓解，24 小时症状完全消失。

◆ **防控技术**

在醉马草优势分布区，可采用机械挖除、抽穗前反复刈割、枯黄季节进行焚烧等物理防控技术，或"秋季（春季）清茬＋返青期划破草皮＋机械补播"生物防控技术，以及采用围栏封育3～5年，禁止家畜采食，通过增加原有草地优势种竞争力，控制其蔓延和扩散。醉马草返青较早，早春可食牧草缺乏时，应加强草地管理，禁止在醉马草生长牧场放牧。对外地引入动物或幼畜，可将幼嫩醉马草捣碎，混入人尿或马尿，涂于动物口腔及牙齿上，使其厌恶而不再采食醉马草。

◆ 用途

哈萨克医者常将醉马草作药材。醉马草具有消肿止痛、清热解毒等功效，主治腮腺炎和关节疼痛；还富含纤维，可作为造纸原料或制作扫帚。

宽苞棘豆

宽苞棘豆是豆科棘豆属多年生有毒草本植物。别称疯草、醉马草、黄珊、查干萨日达马（蒙古语）、萨日达嘎日（蒙古语）等。

◆ 分布与习性

宽苞棘豆分布于中国甘肃、青海、四川、西藏、新疆等地，其他国家未见报道。生于海拔1700～4200米的山前洪积滩地、冲积扇前缘、河漫滩、干旱山坡、阴坡、山坡柏树林下、亚高山灌丛草甸和杂草草甸。

◆ 形态特征

宽苞棘豆株高5～15厘米，主根粗壮，黄褐色，形成密丛；单数羽状复叶，长4～11厘米，叶轴及叶柄密被绢毛，小叶13～15片；小叶卵形至披针形，长5～12毫米，宽3～5毫米，两面密被白色或黄褐色绢毛；总状花序近头状，长2～3厘米，具花5～9朵；花萼筒状，长9～12毫米，宽4～5毫米，密被绢毛；花冠蓝紫色、紫红色或天蓝色；荚果卵状矩圆形，长 1.5 ～ 2 厘米，宽约 6 毫米，膨胀，密被黑色和白色短柔毛。花期为 6 ～ 7 月，果期为 8 ～ 9 月。

◆ **毒性与危害**

宽苞棘豆全草有毒，主要毒性成分是吲哚里西啶生物碱苦马豆素。为害各种动物，以马属动物最敏感，其次是山羊、绵羊、骆驼、牛和鹿，牦牛有一定耐受性。

牲畜一般不会主动采食，但在被迫采食或误食后引起中毒，一般呈慢性中毒过程，主要表现以慢性神经机能障碍为特征。初期表现为精神沉郁，皮毛粗乱、无光泽，头部水平震颤，反应迟钝，目光呆滞。随后共济失调，步态蹒跚，后肢无力，行走时后躯摇摆，后肢弯曲外展或后伸，驱赶时后躯向一侧倾斜，急赶时会摔倒。最后肢体僵硬，后肢弯曲，有时出现犬坐姿势，严重时卧地不起，极度消瘦，昏睡，昏迷，终因极度衰竭而死亡。病程 2 ～ 3 个月。

◆ **防控技术**

在宽苞棘豆集中分布区域，可因地制宜地采取物理、化学、生态、日粮、药物预防、青贮脱毒等综合防控技术，通过以利促防，控制其蔓延和扩散。宽苞棘豆中毒牲畜尚无特效解毒药物，关键在于预防，具体措施同小花棘豆。

◆ **用途**

宽苞棘豆全草可入药，具麻醉、镇静、止痛等功效，主治关节痛、牙痛、神经衰弱和皮肤痛痒等病症。

急弯棘豆

急弯棘豆是豆科棘豆属多年生有毒草本植物。别称疯草。

◆ 分布与习性

急弯棘豆在中国分布于青海、甘肃、新疆、四川、内蒙古、山西等地。生于海拔 800 ～ 5000 米的河谷滩地、亚高山灌丛草甸、杂草草甸、草原灌丛砾石地。

◆ 形态特征

急弯棘豆高 2 ～ 12 厘米，或更高。茎直立。灰绿色，被开展长柔毛。羽状复叶长 5 ～ 20 厘米；托叶草质，披针形，离生，基部与叶柄贴生，先端尖，被长柔毛；叶柄长，疏被柔毛；小叶 25 ～ 51 片，下部者向下弯曲，卵状长圆形、卵形或长圆状披针形，长 5 ～ 20 毫米，宽 2 ～ 5 毫米，先端急尖，基部近圆形，两面被贴伏柔毛。多花组成穗形总状花序，花排列较密；总花梗长 7 ～ 25 厘米，与叶等长或较叶长，被开展长柔毛；苞片膜质，线形，与花萼近等长；花小，下垂；花萼钟状，长 6 ～ 7 毫米，被白色间生黑色长柔毛，萼齿披针形，较萼筒短或与之近等长；花冠淡蓝紫色，旗瓣卵圆形，长 8 ～ 9 毫米，宽约 5 毫米，先端微凹，翼瓣与旗瓣近等长，龙骨瓣较翼瓣短，喙长约 1 毫米。荚果膜质，下垂，长圆状椭圆形，略凹陷，长 10 ～ 20 毫米，宽 4 ～ 5 毫米，先端具喙，被贴伏黑色和白色短柔毛，1 室；果梗长 2 ～ 4 毫米。花期为 6 ～ 7 月，果期为 7 ～ 9 月。

◆ 毒性与危害

急弯棘豆全草有毒，主要毒性成分为吲哚里西啶生物碱——苦马豆素。苦马豆素是动物有机体 α- 甘露糖苷酶特异性抑制剂，可导致 α- 甘露糖苷酶活力降低，使富含甘露糖的低聚糖在细胞溶酶体内大量聚积，造成细胞空泡变性，引起器官组织损害和功能障碍。为害各种动物，以马属动物最敏感，其次是山羊、绵羊、骆驼、牛和鹿，牦牛有一定耐受性。

牲畜一般不主动采食，但在牧草缺乏时，牲畜因饥饿而被迫采食引起中毒。呈慢性中毒过程，主要表现以慢性神经机能障碍为特征。表现为精神沉郁，皮毛粗乱、无光泽，头部水平震颤，反应迟钝，目光呆滞。随后共济失调，步态蹒跚，后肢无力，行走时后躯摇摆，后肢弯曲外展或后伸，驱赶时后躯向一侧倾斜，急赶时会摔倒。最后肢体僵硬，后肢弯曲，有时出现犬坐姿势，严重时卧地不起，极度消瘦，昏睡，昏迷，终因极度衰竭而死亡。病程 2～3 个月。

◆ 防控技术

在急弯棘豆集中分布区域，可因地制宜地采取物理、化学、生态、日粮、药物、青贮脱毒等综合防控技术，控制其蔓延和扩散。牲畜急弯棘豆中毒尚无特效解毒药物，关键在于预防，具体预防措施同小花棘豆。

◆ 用途

急弯棘豆全草可入药，具麻醉、镇静、止痛等功效，主治关节痛、牙痛、神经衰弱和皮肤瘙痒。急弯棘豆根系发达，耐旱、耐寒、耐贫瘠，生命力强，故还可作为沙漠化地区防风固沙植物。

披针叶野决明

披针叶野决明是豆科野决明属多年生有毒草本植物。别称披针叶黄华、牧马豆、黄花苦豆子、披针叶、黄花披针叶等。

◆ **分布与习性**

披针叶野决明在中国分布于内蒙古、河北、山西、陕西、宁夏、甘肃、青海、新疆、四川、西藏等地，尤其在内蒙古、甘肃、青海及四川的退化盐碱化草地形成优势种群。生于海拔 1900 ～ 3900 米的荒漠、半荒漠沙化草地、沙丘、山坡荒地、路旁、田边及高寒草甸。

◆ **形态特征**

披针叶野决明株高 10 ～ 30 厘米，立根深长。茎直立，有分枝，被平伏或稍开展白色柔毛。掌状三出复叶，具小叶 3 片；叶柄长 4 ～ 8 毫米；托叶 2，卵状披针形，叶状，先端锐尖，基部稍连合，背面被平伏长柔毛；小叶矩圆状、椭圆形或倒披针形，长 30 ～ 50 毫米，宽 5 ～ 15 毫米，先端常反折，基部渐狭，上面无毛，下面疏被平伏长柔毛。总状花序长 5 ～ 10 厘米，顶生；花于花序轴每节 3 ～ 7 朵轮生，苞片卵形或卵状披针形；花梗长 2 ～ 5 毫米；花萼钟状，长 16 ～ 18 毫米，萼齿披针形，长 5 ～ 10 毫米，被柔毛，花冠黄色，旗瓣近圆形，长 26 ～ 28 毫米，先端凹入，基部渐狭成爪，翼瓣与龙骨瓣比旗瓣短，有耳和爪，子房被毛。荚果条形，扁平，长 5 ～ 6 厘米，宽 9 ～ 10 毫米，疏被平伏短柔毛，沿缝线有长柔毛。花期为 6 ～ 7 月，果期为 8 ～ 9 月。

◆ **毒性与危害**

披针叶野决明全草有毒，秋季枯萎或经霜冻后毒性减弱。主要有毒成分为黄华碱、臭豆碱、无叶豆碱、金雀花碱、*N*- 甲基金雀花碱等喹诺里西啶类生物碱。生物碱含量随生长期而变化，花前期茎和叶含量高，花果期种子含量高。$N-$甲基金雀花碱小鼠最小中毒剂量为 25 毫克 / 千克，最小致死量为 62.5 毫克 / 千克；野决明碱小鼠最小致死量为 125 毫克 / 千克。这类生物碱主要作用于中枢和外周神经系统，特别是呼吸和血管运动中枢，小剂量有兴奋作用，大剂量产生麻痹作用。

披针叶野决明危害各种动物，中毒后主要表现神经症状。病初出现目光呆滞，食欲下降，精神沉郁，头低耳聋，对外界刺激反应冷淡，体温不高，呼吸、心跳加快。后期出现后躯僵硬，行走运步不稳，常因后肢麻痹向一侧跌倒，呈犬坐姿势，人工扶起快速驱赶时再次向一侧跌倒。严重时呼吸困难，结膜潮红，终因心力衰竭死亡。病理剖检可见，皮下有暗红色斑点，胸腔和腹腔内有红色液体，胃黏膜充血，肝、肾肿大暗红色，血液暗棕色或浅红色。病理组织学变化以肝脏结缔组织增生为特征。

◆ 防控技术

在披针叶野决明集中生长地区，可采取物理或化学防控技术；同时，补播可食牧草，以控制其扩散和蔓延。在中毒易发季节，应尽可能防止牛羊在披针叶野决明生长草场放牧，或采取上午在其他草场放牧，下午在生长披针叶野决明草场放牧，严格控制采食量，以防过量采食引起中毒。中毒无特效解毒疗法，只能采取一般解毒治疗和对症治疗。

◆ 用途

披针叶野决明全草可入药，有祛痰止咳、润肠通便等功效，用于主治咳嗽痰喘、大便干结等病症。现代药理研究发现，披针叶野决明所含金雀花碱、黄华碱、臭豆碱等喹诺里西啶类生物碱，有抗癌、抗心律失常、抗感染、升高白细胞等作用。

苦马豆

苦马豆是豆科苦马豆属多年生有毒草本植物。别称羊卵蛋、羊尿泡、马皮泡、红苦豆子、红苦豆、羊卵泡、尿泡草等。

◆ 分布与习性

苦马豆在中国分布于甘肃、青海、内蒙古、新疆、宁夏、山西、吉林、辽宁等地。生于海拔 300 ～ 2600 米的盐化草甸、河滩林下，草原、沙质地、碱地或溪流附近以及农田、沟渠边缘。

◆ 形态特征

苦马豆株高 20 ～ 60 厘米；茎直立，具开展分枝，全株被灰白色短伏毛；单数羽状复叶，两面均被短柔毛；奇数羽状复叶，托叶披针形，小叶 13 ～ 19 片，倒卵状长圆形或椭圆形，长 7 ～ 15 毫米，基部近圆形或近楔形，先端钝而微凹，有时具 1 小刺尖，两面均被贴生短毛，有时表面毛少或近无毛；总状花序腋生，花冠红色比叶长；荚果宽卵形或矩圆形，膜质，膀胱状；种子肾形，褐色，苞披针形，长约 1 毫米；萼钟状、5 齿裂，花冠红色，长 12 ～ 13 毫米，旗瓣开展，两侧向外反卷，瓣片近圆形，长约 10 毫米，宽约 13 毫米，顶端微凹，基部具短爪，翼瓣比旗瓣稍短，与龙骨瓣近等长；子房有柄，线状长圆形,密被毛,花柱稍弯,内侧具纵列须毛;荚果卵圆形或长圆形,膨大成囊状,1 室。种子小,多数,肾形,褐色。花期为 6 ～ 7 月,果期为 7 ～ 8 月。

◆ **毒性与危害**

苦马豆全草有毒,主要毒性成分为吲哚里西啶生物碱——苦马豆素,能引起各种牲畜中毒,马、绵羊最敏感,中毒症状和有毒棘豆中毒相似。每年 11 月至翌年 3 月发病,当羊在有苦马豆生长草场放牧 10 ～ 20 天后即出现中毒症状,初期表现为极度兴奋,狂跳乱跑或冲撞其他物体,继之转为精神沉郁,目光呆滞,不愿走动,行走时步态蹒跚,后躯摇摆,喜卧,头部水平颤动,采食和饮水困难,并逐渐消瘦,最后后躯麻痹,倒地衰竭而死亡,病程 2 ～ 4 个月。

◆ **防控技术**

在苦马豆优势生长地区,可采取深耕轮作或刈割等防控技术,控制其扩散和蔓延。苦马豆中毒牲畜尚无特效解毒药物,关键在于预防,应加强放牧管理,避免牲畜饥饿采食或误食苦马豆。

◆ **用途**

苦马豆全草可入药,具利尿、消肿等功效,民间常用于治疗肾炎、膀胱炎、前列腺炎、慢性肝炎、肝硬化腹水、血管神经性水肿等病症。

碎米蕨叶马先蒿

碎米蕨叶马先蒿是玄参科马先蒿属多年生有毒草本植物。

◆ **分布与习性**

碎米蕨叶马先蒿在中国分布于新疆、青海、甘肃西部、西藏北部等地。生于海拔 2000 ～ 5200 米的高山草甸、高山灌丛、河滩沼泽草甸或林缘草甸。

◆ **形态特征**

碎米蕨叶马先蒿株高 5 ～ 30 厘米，干时略变黑；根茎很粗，被有少数鳞片；茎单出直立，或成丛达十余条，不分枝，暗绿色，有 4 条深沟纹，沟中有成行之毛，节 2 ～ 4 枚；叶片线状披针形，羽状全裂，裂片 8 ～ 12 对，卵状披针形至线状披针形；花序亚头状；萼长圆状钟形，脉上有密毛；花冠自紫红色一直褪至纯白色；花柱伸出；蒴果披针状三角形，锐尖而长，下部为宿萼所包；种子卵圆形，色浅而有明显之网纹。花期为 6 ～ 8 月，果期为 7 ～ 9 月。

◆ **毒性与危害**

碎米蕨叶马先蒿全草有毒，含苯丙素苷、环烯醚萜苷、去甲基单萜苷、黄酮类、生物碱类等，但有毒成分尚不清楚。碎米蕨叶马先蒿在中国西部退化草原，特别是新疆巴音布鲁克草原大面积蔓延，与优良牧草竞争阳光、水、土壤和营养，致使优良牧草生长不良，草群结构改变，牧草产量下降，草场质量降低。

碎米蕨叶马先蒿主要危害绵羊和山羊、牛，马属动物有一定耐受性。绵羊和山羊中毒初期表现为精神沉郁，食欲下降，体温、呼吸正常，中后期表现为腹泻、腹胀，粪便带血，消化系统功能紊乱，严重病例出现神经系统症状。牛中毒后表现为精神沉郁，食欲下降，呕吐，腹泻，可视黏膜苍白，贫血等症状。

◆ 防控技术

在碎米蕨叶马先蒿优势生长地区，可采取人工或化学防控技术，控制其扩散和蔓延；同时，补播优良牧草，以恢复草地植被。中毒牲畜无特效解毒药，只能采取一般解毒治疗和对症治疗。

轮叶马先蒿

轮叶马先蒿是玄参科马先蒿属多年生有毒寄生草本植物。

◆ 分布与习性

轮叶马先蒿在中国分布于东北、西北及西南各地，尤其在新疆阿尔泰山、天山、伊犁河谷、巴音布鲁克天然草原形成优势种群。生于海拔 1900～4600 米的亚高山及高山草甸。

◆ 形态特征

轮叶马先蒿高 15～35 厘米；主根稍纺锤形，肉质；茎常成丛，上部具毛线 4 条；基生叶具柄，密被白色长毛；叶片长圆形至线状披针形，长 2.5～3 厘米，羽状深裂至全裂，裂片有缺刻状刺，齿端有白色胼胝；茎生叶一般 4 片轮生；花序总状，常稠密；萼球状卵圆形，膜质，常变为红色，外密被长柔毛，全缘；花冠紫红色；雄蕊花药对分离不并生；花柱稍伸出；种子黑色，半圆形，有细纵纹；花期为 7～8 月，果期为 8～9 月。

◆ 毒性与危害

轮叶马先蒿全草有毒，有异味，牲畜一般不采食。在天然草场过度放牧地带和牧场住地成为优势种，大量滋生侵占草地，导致草原退化。牲畜误食中毒后，主要表现消化系统和神经系统症状。

◆ 防控技术

可采取人工或化学防控技术，控制轮叶马先蒿扩散和蔓延。除草剂以 2- 甲 -4- 氯钠盐灭除轮叶马先蒿效果最佳。

◆ 用途

轮叶马先蒿根可入药，有益气生津、养心安神等功效，主治气血不足、体虚多汗、心悸等病症。马先蒿枝叶繁茂，唇形花紫红色，密集成团，花期长，适合盆栽观赏或园林绿化。

甘肃马先蒿

甘肃马先蒿是列当科马先蒿属一年或二年生半寄生有毒草本植物。

◆ 分布与习性

甘肃马先蒿主要分布于中国甘肃西南部、青海、四川西部、西藏东部等地。生于海拔 1800～4600 米的高山草甸、疏林、河滩旁或砾石岩缝。

◆ 形态特征

甘肃马先蒿株体多毛，高 40 厘米以上；茎常多条自基部发出，中空，多少方形，草质；叶片长圆形，锐头，羽状全裂，裂片约 10 对，披针形，齿常有胼胝而反卷；花序长达 25 厘米以上，花轮极多而均具疏距；花冠长约 15 毫米；花丝 1 对有毛；柱头略伸出；蒴果斜卵形，自萼中伸出，长锐尖头。花期 6 ～ 8 月。

◆ **毒性与危害**

甘肃马先蒿全草有毒，但有关动物对甘肃马先蒿自然中毒的病例及毒性研究未见报道。甘肃马先蒿主要以其强大的种子繁殖能力、生存竞争力和集群分布形式，迅速扩散，占据草地空间，抑制其他优良牧草生长，对天然草地植物多样性及生产力造成巨大威胁。

◆ **防控技术**

可采取人工或化学防控技术，控制甘肃马先蒿扩散和蔓延。

◆ **用途**

甘肃马先蒿全草可入药，具清热利湿、调经活血、固齿等功效，主治肝炎、胆囊炎、水肿、小便带脓血、月经不调、遗精等病症。现代药理研究已从该属植物分离出具抗凝血、抗氧化、抗肿瘤、抑制 DNA 突变、延缓骨骼肌疲劳等作用的生物碱、环烯醚萜苷、苯丙素苷、黄酮等活性物质。

北黄花菜

北黄花菜是百合科萱草属多年生有毒草本植物。别称金针菜、黄花苗子等。

◆ **分布与习性**

北黄花菜分布于中国黑龙江、辽宁、河北、山西、山东、江苏、陕西、甘肃南部等地。生于海拔 300～2400 米的草甸、湿草地、荒山坡或灌丛。

◆ **形态特征**

北黄花菜根绳索状，大小变化较大，一般稍肉质，粗 2～4 毫米。叶长 20～70 厘米，宽 3～12 毫米。花葶长或稍短于叶；花序分枝，常为假二歧状总状或圆锥花序，具朵 4 至多朵花；苞片披针形，在花序基部长达 3～6 厘米，上部的长 0.5～3 厘米，宽 3～7 毫米；花梗明显，长短不一，一般长 1～2 厘米，花被淡黄色，花被管一般长 1.5～2.5 厘米；花被裂片长 5～7 厘米，内三片宽约 1.5 厘米。蒴果椭圆形，约 2 厘米，宽约 1.5 厘米或更宽。花果期为 6～9 月。

◆ **毒性与危害**

北黄花菜全株有毒，根部毒性较大。花含秋水仙碱，根含萱草根素等有毒成分。主要危害绵羊和山羊，牛偶见，对中枢神经系统和视神经产生毒害作用，引起牲畜"瞎眼病"。典型症状是双目瞳孔散失、失明、肢体瘫痪、膀胱麻痹等。中毒牲畜瞳孔病变不能恢复，常造成采食困难，丧失经济价值，被迫淘汰，或因长期饥饿死亡。

◆ **防控技术**

在每年 2 月底至 3 月初的发病季节，羊群因早春饥饿将北黄花菜连根采食而引起中毒。因此，加强春季放牧管理，防止牲畜采食北黄花菜根是防控中毒的关键。

◆ **用途**

北黄花菜花蕾晒干可作为蔬菜食用；花形美丽，常用于庭院观赏植物栽植；根可入药，有利尿消肿和凉血等功效，主治腮腺炎、黄疸、膀胱炎、尿血等病症。

狼 毒

狼毒是瑞香科狼毒属多年生有毒草本植物。别称瑞香狼毒、断肠草、拔萝卜、燕子花、馒头花、闷头花、西北狼毒等。

◆ 分布与习性

狼毒在中国分布于东北、华北、西北及西南地区，尤其是在内蒙古、甘肃、青海、新疆、西藏、四川等天然退化草原形成优势种群，成为危害草地畜牧业最严重毒害草。生于海拔 1600 ～ 4600 米的草甸草原、高寒草甸、砾石戈壁、荒山地或丘陵。

◆ 形态特征

狼毒株高 20 ～ 50 厘米；根茎木质，粗壮，圆柱形，不分枝或分枝，表面棕色，内面淡黄色；茎直立，丛生，不分枝，纤细，绿色，有时带紫色，无毛，草质，有时具棕色鳞片；叶散生，稀对生或近轮生，薄纸质，披针形至椭圆状披针形，长 12 ～ 28 毫米，宽 3 ～ 10 毫米，全缘；皮部类白色，木部淡黄色；头状花序顶生，花冠筒细瘦，背面红色，腹面白色，顶端 5 裂；雄蕊 10 枚，呈 2 列着生于喉部；子房上位，上面密被细毛，花柱短，柱头头状，果卵形；花期为 4 ～ 6 月，果期为 7 ～ 9 月。

◆ 毒性与危害

狼毒全草有毒，根毒性最大，含异狼毒素、狼毒素、新狼毒素、甲基狼毒素等黄酮类化合物，主要毒性成分是异狼毒素。狼毒根、茎、叶分泌的白色乳汁，人和牲畜接触能引起过敏性皮炎。对人和各种动物有毒性。

中毒牲畜主要表现为精神沉郁，流涎，呕吐，腹痛，腹泻，粪便带血，呼吸迫促，心悸，全身痉挛，严重者甚至死亡等。牛、羊中毒时食欲停止，鼻镜干燥，结膜充血或发绀，卧地不起，腹部胀满，粪便带黏液或血液，肌肉震颤，回头顾腹，全身痉挛。马中毒症状有精神萎靡、食欲废绝、腹泻、有疝痛症状，呈间歇性起卧，排尿困难，下唇松弛。皮肤接触毒汁后，可引起皮炎而瘙痒。毒汁与眼接触可引起畏光、流泪、红肿，甚至失明，根粉对鼻、咽喉有强烈而持久的辛辣性刺激。人内服中毒后可引起恶心、呕吐、腹部剧痛、腹泻、里急后重甚至便血、流产等。亦见头痛、头晕、视物模糊、面色潮红，严重者出现惊厥、狂躁、痉挛或神志不清、冷汗、尿闭、休克、心肌麻痹而死亡。病理剖检变化以各脏器瘀血、胃肠道出血为特征。因此有"断肠草"之称。

◆ **防控技术**

加强放牧管理，让牲畜远离狼毒生长区，防止误食或采食引起中毒。在狼毒优势生长区，可采取物理或化学等防控技术，控制其扩散和蔓延，同时补播优良牧草，以恢复草地植被。传统防控技术主要包括刈割、替代控制和化学防除法。刈割方法简单，成本较低，在狼毒发生面积不大时可采用，一般在狼毒幼苗期进行，避免种子成熟后发生散落、传播。替代控制是在狼毒分布退化草地，补播速生优良牧草，抑制狼毒生长而达到控制的目的。狼毒发生面积较大数量多时，可采用选择性较强的化学除草剂防除，一般在狼毒结实期前进行，化学灭除后，及时补播禾本科植物，以改良退化草地，改善草地质量。牲畜中毒无特效解毒药，主要采取对症疗法和支持疗法。

◆ **用途**

狼毒还具有以下用途：①根可入药，有祛痰、消积、止痛、杀虫、散结、逐水等功效，外敷可治疥癣。现代药理研究表明，狼毒具抗肿瘤、抗菌、抗惊厥、抗癫痫、杀虫等多种活性，已有狼毒软膏、复方狼毒胶囊、狼毒菌一净等多种制剂进入临床应用。②狼毒毒性较大，可作为植物源性杀虫剂开发绿色杀虫药，防治农作物病虫害。③根及茎皮富含纤维可造纸，制作的"狼毒纸"具不怕虫蛀、鼠咬、不腐烂、不变色、不易撕破等特点，藏经纸就是用狼毒根为原料制作的。"狼毒纸"已被列入中国第一批《国家级非物质文化遗产名录》。④狼毒花冠呈球形，在盛花期花色十分鲜艳，具观赏价值，可作为观赏或景观植物，发展草原旅游业。

第 **2** 章

木本植物

观赏树种

银露梅

银露梅是蔷薇科金露梅属多年生落叶灌木。别称银老梅、白花棍儿茶。

◆ **分布与习性**

银露梅分布于中国内蒙古、河北、山西、陕西、甘肃、青海、安徽、湖北、四川、云南等地。生于海拔 2600 ～ 4500 米的山坡、林缘灌丛、林地及河边湿地。朝鲜、俄罗斯、蒙古也有分布。喜光，耐寒，喜湿润，对土壤要求不严。

◆ **形态特征**

银露梅株高 0.3 ～ 2 米，小枝灰褐色或紫褐色，疏被柔毛。羽状复叶，常 3 ～ 5 小叶，上面 1 对小叶基部下延与轴合生，叶柄被疏柔毛；小叶片椭圆

银露梅

形、倒卵椭圆形或卵状椭圆形，长 0.5 ～ 1.2 厘米，宽 0.4 ～ 0.8 厘米，先端圆钝或急尖，基部楔形或近圆形，两面被疏柔毛或几无毛。单花或数朵顶生，花梗细长，被疏柔毛；花径 1.5 ～ 2.5 厘米；萼片卵形，急尖或短渐尖，副萼片披针形、倒卵披针形或卵形，比萼片短或近等长，外被疏柔毛；花白色，倒卵形，顶端圆钝；花柱近基生，棒状，基部较细，在柱头下缢缩，柱头扩大。瘦果被毛。花果期 6 ～ 11 月。

◆ 繁殖

银露梅的繁殖方法主要有种子繁殖和扦插繁殖。①种子繁殖。4 月上旬种子混土撒播，不覆土，播量为 0.08 千克 / 公顷。约 10 天后出苗，待出苗后逐渐减少遮阴网时间，最终完全不遮盖，洒水次数可减少为 1 次 / 天。②扦插繁殖。4 月中旬，选择生长良好、无病虫害 2 ～ 3 年生枝条，剪成长 20 厘米的插穗，上部剪平、下部剪成马蹄形，放在 0.1‰ ABT-6 号或 ABT-7 号生根粉溶液中处理 2 小时后扦插。扦插后 10 天开始发芽、生长，25 天后大多生根，此时应减少洒水次数，注意防病，病株及时清除，松土和除草 4 ～ 5 次 / 年。

◆ 培育

在小苗期，根外喷施 0.3% ～ 0.5% 的尿素水溶液 2 ～ 3 次。在大苗期，早春株施 5 ～ 10 千克的腐熟人粪尿；晚春和夏季，叶面喷施 0.3% ～ 0.5% 的尿素水溶液 3 ～ 5 次；秋季，根外喷喷施 0.3% ～ 0.5% 的磷酸二氢钾水溶液 2 ～ 3 次。冬季或早春，将枯枝、病虫害枝及部分萌生枝剪除，形成完整树冠。在冬季和夏季，剪除被病虫伤害的株、叶枝梢，可消灭部分越冬卵和虫源；在冬季或早春，喷 5% 机油乳剂或 5% 柴油乳剂杀死越冬卵。在 4～5 月，可喷 40% 氧化乐果乳油 1000～1500 倍液防治病虫。

银露梅种子细小，熟后易散落，待花期结束后 25 天（即 9 月上旬）采集，置室内阴干，后熟。开花盛期，采集花、叶，去除枯叶残枝，晒干，药用。

◆ **价值**

银露梅的枝叶繁盛，花白如雪，花期长达 4 个多月，适于草坪、林缘、路边及假山岩石间配植。可作花坛、花境或花篱。为中等饲用植物，骆驼爱吃。花、叶入药，具有健脾、化湿、清暑、调经之功效。嫩叶可代茶，茎皮和秆可作人造棉或造纸原料。

金露梅

金露梅是蔷薇科金露梅属多年生落叶灌木。别称金老梅、金蜡梅、药王茶、棍儿茶、扁麻、木本委陵菜。

◆ **分布与习性**

金露梅在北温带广泛分布。中国分布于青海、甘肃、四川、西藏、云南、东北和华北。生长于海拔 1000～4000 米的山坡草地、砾石坡、灌丛及林缘等地。喜微酸至中性、排水良好湿润土壤，可耐 -50℃ 低温，也耐干旱、瘠薄。

◆ **形态特征**

金露梅株高 0.5～2 米，多分枝，树皮纵向剥落，小枝红褐色，幼时被长柔毛。羽状复叶，常 5 小叶，上面 1 对基部下延与叶轴汇合，叶柄被绢毛或疏柔毛；小叶长圆形、倒卵长圆形或卵状披针形，长 0.7～2 厘米，宽 0.4～1 厘米，边缘平或稍反卷，全缘，先端急尖或圆钝，基部楔形，两面被疏绢毛或柔毛或近无毛。花单生或数朵生枝顶，花梗密被长柔毛或绢毛；花黄色，宽倒卵形；萼片卵形，先端急尖至短渐尖，副萼片披针形至倒卵披针形，先端渐尖至急尖，外面被疏绢毛。花柱棒状，柱头扩大；花药椭圆形，四周具黄色边。瘦果近卵圆形，熟时褐棕色，长约 1.5 毫米，外被长柔毛。化果期 6～9 月。

◆ **繁殖**

金露梅的繁殖方法主要有种子繁殖、扦插和压条繁殖。①种子繁殖。选籽粒饱满、无残缺或病虫害当年采种子。采用 3 厘米 ×5 厘米间距点播，覆基质 1 厘米厚，播后用喷壶淋湿基质，用塑料薄膜包裹，以保温保湿。或采用宽幅条播，播幅 15～20 厘米，播幅间距 10 厘米播种板播种，播量 150 千克 / 公顷，播后覆盖厚 0.2～0.3 厘米消过毒的腐殖质土，镇压，灌足水，用草或麦秸秆覆盖保湿，每天洒水 1～2 次。播种时期为 5 月中旬。一般当幼苗长出 3 片或 3 片以上叶子后可移栽。移栽时，选择排水良好地块，用和播种同样的基质做底床，灌足水，挖出幼苗剪去 1/4 主根后移栽，移栽行距 10 厘米、株距 5 厘米。②扦插。春末秋初，选当年生粗壮嫩枝，剪成 5～15 厘米长、带 3 片以上叶且保留 3～4 个节的小段。或早春用 2 年生老枝，上面剪口在最上叶节上方约 1 厘米处平剪，下面剪口在最下叶节下方约 0.5 厘米处斜剪，上下剪口平整。扦插在营养土或河沙、泥炭土等材料。插穗生根最适温度 20～30℃，用薄膜把扦插容器包裹保温，通过遮阴或喷雾给插穗降温。

③压条繁殖。选取 15～30 厘米健壮枝条,剥掉 1 圈约 1 厘米的树皮,剪取长 10～20 厘米、宽 5～8 厘米薄膜,上面淋湿园土,把环剥部位包起来。生根后,剪下枝条边根系,作为新植株。移栽盆底放 2～3 厘米厚粗粒基质,其上撒厚 1～2 厘米腐熟有机肥,再覆厚 1～2 厘米基质,然后放入植株;上盆基质选用菜园土:炉渣 =3:1;或园土:中粗河沙:锯末(茹渣)=4:1:2。浇透水。

◆ 培育

金露梅在幼苗生长期易受杂草影响,要及时锄草;同时,每 15 天喷施 1 次叶面追肥,以加快苗木生长。越冬前,灌足冬水后用苔藓或锯末覆盖苗床,防止苗木遭受冻害。当幼苗出齐后,揭开薄膜,拔除有病、不健康幼苗;为防病虫害,用 3% 硫酸亚铁溶液喷洒苗床,待 20 分钟后再用清水洗床。

金露梅种子一般 9 月成熟,熟后易脱落,当种子呈橙色时,即可采收,去皮,阴凉处晾干后置于透气性好的纸袋储存。开花盛期,采集花、叶,去除枯叶残枝,晒干,药用。

◆ 价值

金露梅株型美观,花色金黄、鲜艳,花期长,可作庭园等观赏灌木,也可作绿篱。枝叶柔软,粗蛋白质、粗脂肪和总能含量较高,也含黄酮类、鞣质和醌类等,是高寒区产量较高的牧草,春季马、羊喜食,牛采食。花、叶可入药,具有清暑、健脾、化湿、调经之功效。叶与果含鞣质,可提制栲胶。嫩叶可代茶叶饮用。

黄 杨

黄杨是被子植物真双子叶植物黄杨目黄杨科黄杨属的一种常绿灌木或小乔木。

◆ 分布与习性

黄杨是中国特产种。分布于陕西、甘肃、湖北、四川、贵州、广西、广东、江西、浙江、安徽、江苏、山东等，多生山谷、溪边、林下，海拔 1200～2600 米。从南到北广为栽培。

◆ 形态特征

黄杨小枝四棱形。叶对生，革质，长圆形、阔椭圆形、宽倒卵形或倒卵状椭圆形，全缘，先端圆或钝，常有小凹口，不尖锐，基部圆或急尖或楔形；叶柄长 1～2 毫米，被毛。花簇生叶腋或枝端，头状，花密集，苞片阔卵形；单性，雌雄同株；雄花，无花梗，萼片 4，无花瓣，雄蕊 4，有不育雌蕊棒状柄，末端膨大；雌花萼片 6，无花瓣，花柱粗扁，子房长于花柱，无毛，柱头 3，倒心形，下延至花柱中部。蒴果近球形，花柱宿存。花期 3～4 月，果期 6～7 月。

黄杨花序

◆ 价值

黄杨是庭院园林绿化常用树种，多用作绿篱或丛植供观赏。用扦插法或种子繁殖。其木材坚硬致密，宜于制作工艺品。根可入药，治风湿痹痛。

银　杏

银杏是裸子植物银杏目银杏科落叶乔木。

◆ 分布与习性

银杏科现存种类仅 1 属 1 种，即银杏。银杏类化石可以追溯到 2.8 亿年前的石炭纪，该类植物在中生代一度极其繁盛，种类众多，广泛分布于欧亚和美洲，遍布世界各地。现存种银杏特产于中国，野生物种仅分布在中国西南部和浙江（天目山）、重庆、贵州等山区。银杏栽培历史悠久，中国广为栽培，各地寺庙、名胜古迹常有栽培数百年至千年以上的大树。现已被广泛引种栽培到世界各地。

◆ 形态特征

银杏树干端直分枝，次生木质部由管胞组成，无导管。单叶，扇形，具长柄，有多数平行二叉状细脉。雌雄异株，球花生于短枝顶端叶腋，具长梗；雄球花柔荑花序状，雄蕊多数，具短梗，螺旋状着生，常具 2 花药，花粉萌发时产生 2 个有鞭毛、能游动的精子；雌球花顶端常成二叉，叉顶生有珠座，直立胚珠，通常仅 1 枚胚珠发育成种子。种子核果状，具 3 层种皮，胚乳丰富。

◆ 分类系统

银杏的系统发育位置，特别是与苏铁类的关系一直存在争议。裸子植物叶绿体谱系基因组学分析认为，银杏与苏铁类植物是最近的姐妹类群，但基于一对单拷贝核基因的裸子植物分子系统学研究发现，苏铁类植物处于裸子植物类群的基部，与银杏并不构成姐妹群。2016 年，中国科学家团队首次破解了银杏的超大基因组，约 41840 个注释基因，填补了陆生植物种类史上的一个重要空白，为揭示银杏的系统学位置、陆生植物的演化、关键性状的形成等提供重要依据。

◆ 价值

银杏是中生代孑遗的稀有用材树种，种子可供食用和药用。银杏树形优美，为重要的庭园观赏树种和行道树，在全球温带和亚热带地区广泛栽培。

圆　柏

圆柏是裸子植物柏目柏科刺柏属的一种常绿乔木。

◆ 分布

圆柏在中国广布，南至广东、广西，北至辽宁、吉林和内蒙古，东至华东，西至四川、甘肃。朝鲜半岛和日本也有分布。

◆ 形态特征

圆柏高达 20 米，胸径可达 3.5 米。树皮深灰色，纵裂。幼树通常为刺形叶，壮龄树通常具两型叶，一为刺叶，3 叶轮生；一为鳞形叶，交叉对生，排列紧密，背面近中部有椭圆形腺体。雌雄异株，球花单生，雄球花圆柱形或椭圆形，黄褐色，花粉无气囊，雄蕊 5 ～ 7 对，花药 3 ～ 4 枚。雌球花由 4 对交叉对生的珠鳞组成。球果近圆球形，两年成熟，不开裂，表面常有白粉，成熟时褐色，直径 4 ～ 10 毫米，内有 1 ～ 4（多为 2 ～ 3）粒种子。种子卵圆形，扁，顶端钝，长 3 ～ 6 毫米，宽 2 ～ 5 毫米。

◆ **分类系统**

最新的分子系统学研究发现，圆柏与昆明柏、分布于日本的铺地柏和分布于欧洲的西班牙圆柏关系较近，其具体系统位置仍有待进一步的研究。

◆ **价值**

圆柏木材可供建筑用；枝叶可入药，具有祛风散寒、活血消肿和利尿之功效；根、树干和枝叶可提取挥发油；种子可提制润滑油。由于树形美观而且常绿，适应性强，各地广为栽培，用作园林树种。常见的野生及栽培类型有偃柏、垂枝圆柏、龙柏、匍地龙柏、球柏、塔柏等。

三尖杉

三尖杉是裸子植物柏目三尖杉科三尖杉属的一种常绿乔木。

◆ **分布与习性**

三尖杉分布于中国安徽南部、浙江、福建、江西、湖南、湖北、陕西、甘肃、四川、云南、贵州、广西和广东等地。垂直分布幅度较大，在海拔 800 ～ 2000 米的丘陵山地均有分布。在东部各省分布于海拔 200 ～ 1000 米地带，在西南各省、自治区分布较高，可达 2700 ～ 3000 米，生长于阔叶树、针叶树混交林中。

◆ **形态特征**

三尖杉高可达 20 米，胸径达 40 厘米；树皮褐色或红褐色，裂成片状脱落；枝条较细长，稍下垂；树冠广圆形。小枝对生。叶排成两列，披针状条形，常微弯，交叉对生，基部扭转成二列，长 4 ～ 13 厘米，宽

3～4.5 毫米，上面深绿色，中脉隆起，下面中脉两侧有白色气孔带。雌雄异株，雄球花 8～10 枚聚成头状，径约 1 厘米，总花梗粗，通常长 6～8 毫米，基部及总花梗上部有 18～24 枚苞片，单生叶腋，每个雄球花有 6～16 枚雄蕊，花药 3，花丝短，基部有 1 苞片；雌球花由数对交互对生的苞片组成，每个苞片各有 2 个胚珠。种子椭圆状卵形，长约 2.5 厘米，熟时假种皮紫色或紫红色，具柄，顶端有小尖头；子叶 2 枚，条形，长 2.2～3.8 厘米，宽约 2 毫米，先端钝圆或微凹，下面中脉隆起，无气孔线，上面有凹槽，内有一窄的白粉带；初生叶镰状条形，最初 5～8 片，形小，长 4～8 毫米，下面有白色气孔带。花期 4 月，种子 8～10 月成熟。

◆ **分类系统**

形态学研究认为，三尖杉与高山三尖杉关系较近。分子系统学研究由于所选基因标记分辨率较低，并没有真正解决三尖杉的系统位置。

◆ **价值**

三尖杉木材黄褐色，纹理细致，材质坚实，韧性强，有弹性，可供建筑、桥梁、舟车、农具、家具及器具等用材。叶、枝、种子、根可提取多种植物碱，对治疗淋巴肉瘤等有一定的疗效；种仁可榨油，供工业用。果实可入药，有润肺、止咳、消积之功效。

造林树种

榆　树

榆树是榆科榆属落叶乔木、稀灌木或常绿树。

◆ **分布与习性**

榆树主产北温带，分布地区，在北美洲南至墨西哥，在亚洲南至喜马拉雅地区。在中国跨北纬 $32° \sim 51° 40'$，东经 $75° \sim 132° 2'$，一般分布于海拔 1500 米以下的平原、山坡、山谷、川地、丘陵及沙岗等处。

◆ **分类**

全世界有40余种榆树，中国有25种、4个变种。如北方有白榆、榔榆（小叶榆）、裂叶榆、兴山榆、大果榆（黄榆）、脱皮榆、旱榆（灰榆）、黑榆（东北黑榆）、春榆、圆冠榆等；南方有台湾榆、多脉榆、长穗榆、杭州榆等；西南有昆明榆、小果榆等。在榆属植物中以白榆在造林上最为重要。

◆ **形态特征**

榆树高可达 25 米，胸径可达 1.5 米以上；树冠卵圆形或近圆形；幼龄树皮平滑，灰褐色或浅灰色，老龄树皮暗灰色，不规则深纵裂，粗糙；单叶互生，排成 2 列，具重锯齿，稀单锯齿，羽状脉，基部常偏斜；花两性，稀单性，簇生、散生、聚伞或总状花序，春季先叶开放，稀秋季（榔榆）或冬季（如越南榆）开放；果扁平，周围具膜质翅；种子扁或微凸，种皮薄，无胚乳，风传播。

◆ **生长习性**

榆树为喜光树种，抗寒和耐高温能力强，耐大气干旱和土壤干旱；对土壤条件要求不高，喜肥沃土壤，但也耐土壤贫瘠，其适生的土壤类型有棕壤、褐色土、黑钙土、栗钙土、灰棕漠土、盐碱土等；有较强的耐盐碱性，对各类盐碱土均有较好的适应性；根系发达，抗风力、保土力强；萌芽力强，耐修剪；不耐水涝；具抗污染性，叶面滞尘能力强。

◆ 培育

以白榆为例。以种子繁殖为主，嫁接、扦插均可繁育。播种育苗可在种子成熟后，随采随播或密封、低温（低于10℃）贮藏。每公顷播种量为37.5～75.0千克，覆土厚度0.5厘米左右。每公顷留苗量15万至22.5万株。嫁接育苗在春季发芽前进行，采用切接法；扦插育苗在夏秋季进行，以当年生半木质化幼嫩枝条为插穗，在吲哚丁酸溶液中浸泡20秒。一般采用2～3年生苗木造林。随整地随造林，盐碱地等应提前1年整地，最好在雨季前或雨季整地。盐碱地造林，需提前开沟，或修窄台田、灌水或蓄淡水洗碱脱盐，使土壤含盐量降到0.3%以下。造林后，适时松土、除草、混种绿肥压青、灌溉、修枝、间伐。

◆ 价值

榆树是重要的防护林、用材林和景观林树种。皮、叶、果、种子等可供医药用和食用。还可作为饲料、绳索、麻袋、线香和蚊香的黏合剂、医药片剂的黏合剂和悬浮剂、培养食用真菌的优质饵木。

椴　树

椴树是椴树科椴树属植物的通称。

◆ 分类与分布

椴树科有52属700多种乔木、灌木和草本植物，椴树属则由45种至50种椴树组成，主要分布于北温带和亚热带。中国是世界椴树种类最多的国家，有 32 种，南方和北方均有种植。此外，中国还在华北及东北等地引种有心叶椴及阔叶椴。紫椴是中国东北地区珍贵的阔叶树种之一，亦为东北阔叶红松混交林的主要伴生树种。

◆ **形态特征**

椴树单叶，互生，有长柄，基部常为斜心形，全缘或有锯齿；托叶早落。花两性，白色或黄色，排成聚伞花序，花序柄下半部常与长舌状的苞片合生；萼片 5 片；花瓣 5 片，覆瓦状排列，基部常有小鳞片；雄蕊多数，离生或连合成 5 束。退化雄蕊呈花瓣状，与花瓣对生；子房 5 室，每室有胚珠 2 颗，花柱简单，柱头 5 裂。果实圆球形或椭圆形，核果状，稀为浆果状，不开裂，稀干后开裂，有种子 1 ～ 2 颗。

◆ **培育**

椴树多喜光，喜温暖、湿润、深厚肥沃土壤。深根性。10 年内生长较迟缓，10 年后加快，年高生长可达 0.5 米或更多。每年 9 ～ 11 月份采收果实，千粒重由 35 克（紫椴）到 280 克（南京椴）不等。主要采用播种育苗。由于种子为综合休眠，种皮含有致密层，坚硬致密，透水性较差，不易吸水；果皮、种皮与胚乳（胚）中均含有萌发抑制物质，播种前必须进行层积催芽，需要 120 ～ 150 天。播种育苗采用垄作或床作。每亩播种 5 千克左右，覆土厚 1 厘米，播种后 15 ～ 20 天大多数发芽出土。播种后，进行人工遮阴处理，可以显著提高苗高、地径及单株生物量。苗期使用速效丰产灵喷洒裸根苗叶面，可以显著提高紫椴苗木抗寒性。出苗后，留苗密度为每米垄长留苗 40 ～ 50 株。秋季顶梢木质化不良，易受早霜危害。留床越冬，覆盖防寒土。苗期主要病害为猝倒型立枯病，育苗时应注意土壤消毒。宜采用 2 年生苗木于春季顶浆造林。

因紫椴幼苗具有匍匐生长，且因易受霜冻危害分权严重的特点，初植密度应为 5000 ～ 6600 株 / 公顷；或采用植生组造林，群团内局部株行距 0.5 ～ 1.0 米。营造紫椴混交林是提高林分稳定性、发挥森林多种效益、增加该树种蓄积的有效手段。紫椴与红松（落叶松、班克松）窄带混交为宜，与红松丛植混交更适合。紫椴顶芽生长不明显、具有分叉现象，宜进行平茬复壮。紫椴透光抚育首次应从 10 年左右开始。可选择轻度间伐的培育措施对紫椴林木进行定向培育。

◆ 价值

椴树木材边材黄白色，心材黄褐色，纹理致密，不翘不裂，易加工，供家具、建筑、雕刻、胶合板、铅笔杆等用材；因无特殊气味，可制水桶、蒸笼等。树皮纤维可代麻制绳或袋。也是优良的蜜源植物，椴花蜜色浅味香。花可入药。种子含油量较高，可用于制肥皂及硬化油。叶可作饲料。树形美观，花朵芳香，对有害气体的抗性强，可作园林绿化树种。

白　蜡

白蜡是木樨科白蜡树属（又称梣属）植物的通称。别称梣。

◆ 分类与分布

白蜡属植物约有 70 种，多分布于亚洲、美洲、欧洲，少数延伸至热带地区。中国约有白蜡 34 种，原产 26 种，引进 8 种。广泛分布中国各地，不同种分别具有明显的区域性，多见于华北、东北、西北、华中、中南、西南和长江、黄河流域的低山丘陵及平原。世界上广布于北温带中低海拔地区，以北中温带、北暖温带最集中，少数种扩展至热带森林。东亚、南亚、北美中南部分布较多，南半球有引种栽培。

◆ **形态特征**

白蜡多落叶乔木，稀灌木，稀半常绿。芽多具鳞，稀裸芽。叶（叶芽）对生，稀三数聚为轮状；奇数羽状复叶，小叶 3 至多枚；叶缘具锯齿或近全缘。花单性、两性或杂性，雌雄同株，常见雌花退化或结实少的假雄株。圆锥花序顶生和稀腋生于当年生枝（中国白蜡亚属），或腋生于去年生枝（欧洲白蜡亚属）；苞片线形至披针形，早落或缺如，花梗细；花萼钟状或杯状，萼齿 4 枚，或退化为裂片至无花萼；花冠 4 裂至基部，早落或退化至无花冠；雄蕊常 2 枚，与花冠裂片互生，花丝通常短，或在花展开期伸出花冠之外，花药 2 室，纵裂；子房 2 室，每室下垂胚珠 2 枚，花柱短，柱头 2 裂。坚果具单翅，扁平，稀三棱。种子 1 枚，稀 2 枚，长圆形，具胚乳，子叶扁平。

◆ **生长习性**

不同种白蜡温度适应性差异较大，多喜温暖湿润气候，适宜肥沃深厚土壤。多数种适应性强，耐低温、耐水湿、耐干旱、耐贫瘠、抗盐碱。生长迅速、寿命长，生态景观效果较好。

◆ **培育**

白蜡主要依靠种子和嫁接繁殖，少数种可扦插繁殖。种子多具有休眠特性，需进行冬季沙藏或其他方法催芽处理。种子条播方式育苗，行距为 30～100 厘米，株距为 10～30 厘米，4～6 片真叶时可进行间苗，当年实生苗木可达 120 厘米。嫁接育苗，枝接多于砧木发芽后进行，芽接 4 ～ 8 月份均可。平原造林，土壤含盐量需低于 0.3%。山地造林多选择山坡中下部或者沟谷土层深厚处，可与其他混交。白蜡人工林分一般 4 ～ 5 年郁闭，郁闭后需及时间伐，间伐年龄、周期及强度根据培育目的而定。病害较少，虫害主要有天牛、木蠹蛾、吉丁虫等蛀干害虫和美国白蛾等食叶害虫。蛀干害虫发生严重时可造成林木死亡。

◆ 价值

白蜡是一类优良的生态树种，可用于风景园林、防护林、水土保持林、水源涵养林营造；有的种抗逆性强，用于沙化、盐碱化土地造林绿化；有的可作为经济、用材树种，用于养殖白蜡虫、木材、编条、白蜡杆、小农具、工艺品等生产。木材材质优良，为高档家具、体育、建筑用材。有的种类树皮入药，称秦皮，有消炎、清热、明目等功效。

沙拐枣

沙拐枣是蓼科沙拐枣属落叶小灌木。

◆ 分布与习性

沙拐枣的自然分布地区为中国和蒙古。在中国主要分布于内蒙古中部及西部、甘肃西部、宁夏西部、青海、新疆东部。生于海拔 500 ～ 1800 米流动、半固定、固定沙丘，沙砾质荒漠，砾质荒漠。是中国西北地区防风固沙的先锋树种。

◆ 形态特征

沙拐枣高达 1.5 米。老枝灰白或淡黄色，膝曲；一年生小枝草质，灰绿色，具关节。叶线形,长 2 ～ 4 毫米。花 2 ～ 5 朵簇生叶腋,花梗细,下部具关节,花白或淡红色,长约 2 毫米。瘦果黄褐色,不扭曲或扭曲,椭圆形,果肋稍突起,每肋具 2 ～ 3 行刺,毛发状,易折断。花期 5 ～ 7 月,果期 6 ～ 8 月。

◆ 培育技术

繁育途径

沙拐枣繁育途径分为有性繁殖或无性繁殖,有性繁殖主要指通过种实培育实生苗,无性繁殖通过嫁接、插条、插叶等方式繁殖。①种实育苗。沙拐枣果实成熟后容易脱落,随风飞走。果皮和刺毛干燥、果皮木质化时应及时采集,去刺晒干后干藏。种子生活力不易丧失。播种前需要低温层积 1 ～ 2 月,次年春季种子露白时即可播种。也可在秋季用浓硫酸浸种 3 ～ 4 小时后用水冲洗,再放入温水中浸泡 3 昼夜,置于 20 ～ 25℃ 条件下催芽,种子露白时即可播种。对土壤要求不严格,圃地以盐碱轻、地下水位低、便于排灌的沙土、沙壤土为好。平床育苗,开沟播种,沟深 3 ～ 5 厘米,行距 30 厘米。播种前用 2% ～ 3% 的硫酸亚铁溶液等进行土壤消毒,施腐熟有机肥作基肥。早春播种要进行催芽,冬播和夏播不必催芽。可用条播,行距 30 厘米,覆土 3 ～ 5 厘米,每公顷用种 75 千克左右。苗高 5 ～ 7 厘米时按 5 厘米株距进行间苗定苗。幼苗出土 30 ～ 50 天开始追肥,以氮肥为主,磷肥为辅。及时松土除草,防治病虫及鼠兔害。当年雨季或第二年春季即可出圃。造林前 3 天起苗,挖苗深 30 ～ 40 厘米,起苗后立即造林或假植。②扦插育苗。秋、冬季采 1、2 年生枝条作为插穗,或春季萌动前采集,沙藏。春季采集的插穗成活率最高。一般在 3 ～ 5 月扦插。扦插造林采条时间为冬、春季，插穗为 1 ～ 2 年生粗壮枝条，长 40 ～ 50 厘米，粗 0.5 厘米以上，剪口应为平口；插穗采后先将其沙藏。扦插时，插穗要与地表平或略高出地面。扦插前插穗在冷水中浸泡一昼夜，成活率更高。扦插后，根据降水、圃地土壤墒情灌溉 3 ～ 4 次，每次灌溉量不宜过大。

造林技术

沙拐枣植苗造林在春、秋两季均可进行，春季最佳。宜用 1 年生苗，苗木根系要完整。苗龄越大，造林成活率越低。穴植或缝植。应选质地疏松，通透性良好的沙质立地。固沙造林以流动、半流动沙丘和平沙滩地为主。在沙丘上造林可不整地，但应建立沙障。丘间低地或平坦滩地造林时，可根据地形开沟或挖整地穴造林。在水分条件好，春季沙面湿润、干沙层薄的地区，直接造林。干沙层厚的地方要铲去干沙层后再造林。干旱区（年降水量 100 ～ 250 毫米，4000 米高原面以北）、极干旱区（年降水量小于 100 毫米，4000 米高原面以北）造林最低初植密度分别为 300 株 / 公顷和 210 株 / 公顷，但不宜过大。沙拐枣可营造纯林，也可与梭梭等树种双行带间混交。

在流动沙丘上扦插造林时，在插穴内可紧贴插穗放置两根（每根长约 60 厘米）用清水浸透的玉米秸秆保水，也可应用一定的保水剂，提高造林成活率。

直播造林可在设有沙障地段进行，一般早春抢墒或雨季造林。采用穴播或开沟点播造林，深 5 厘米，覆沙 5 ～ 8 厘米，每穴下种 10 ～ 15 粒，造林前要进行种子催芽。在降水量 150 ～ 200 毫米地区，也可飞播造林，可单播也可混播。沙拐枣常与沙蒿、草木樨等混播。飞播在有效降水前 7 ~ 15 天进行，冬播在积雪开始融化前播种。单播播种量为 2.3 ~ 3 克 / 米²，混播的播种量为 1.5 ~ 2.3 克 / 米²。第一次飞播后需要补播，一般补播量小于第一次。

抚育管理

为减轻风沙对沙拐枣幼苗的危害，提高造林保存率，在流动沙丘造林时，应建立沙障。在造林前 2 年，发现苗木死亡要及时补苗，沙障损坏要及时修补。造林地如过于干旱，可在 6 ~ 7 月浇水 1 ~ 2 次。幼林要注意看护，避免牲畜践踏啃食。成林后结合采穗或薪柴，进行平茬复壮，可采用隔株、隔行或隔带方式在休眠期进行平茬。

柽　柳

柽柳是柽柳科柽柳属落叶小乔木或灌木。

◆ 分布与习性

柽柳喜生于河流冲积平原、海滨、滩头、潮湿盐碱地和沙荒地。中国适生分布区为海河流域、黄河中下游及淮河流域的平原、沙丘间地和盐碱化地，在华北至西北地区集中带状分布。柽柳喜光、耐旱、耐水湿、耐盐碱、不耐遮阴。

◆ 形态特征

柽柳幼枝常开展而下垂。叶披针形，半贴生，背面有龙骨状突起。一年三季开花，花期 4 ~ 9 月。蒴果圆锥形。种子细小，顶端有束毛。

◆ 培育

柽柳的繁殖方式主要为播种育苗和扦插育苗。播种育苗采用带有引水沟的平床育苗，种子宜随采随播，采用落水播种法，春、夏、秋播均可；扦插育苗常采用硬枝平床扦插法，春季扦插，插后压紧，保持床面湿润。

常用的整地方式有带状、块状、穴状和反坡梯田整地，深度为30～50厘米。可用植苗、插条造林，但以植苗造林为主。春、夏、秋三季均可造林，夏季造林应重修剪或平茬。造林时应随起苗随栽植，保持苗根湿润。穴植、沟植是植苗造林的主要方式。人工植苗一般采用穴植法，穴深50～80厘米；机械化植苗常采用沟植法，栽植沟深0.6～1米，宽30～50厘米。插条造林常用于盐质或沙质的河滩阶地，选用粗0.6厘米以上的一年生枝条，截成长30厘米左右的插穗。春季扦插，行距1～1.5米，株距20～30厘米。插后及时灌水，发芽前7～10天灌水一次，发芽后可适当延长灌水时间。

◆ 价值

柽柳是重要的防风固沙、水土保持、盐碱地治理、薪炭林造林树种；是较好的抗污染树种，对大气SO_2、铅及氯污染有较强抗性。柽柳宜栽植、耐修剪，可做绿篱、盆景、造景用。根是管花肉苁蓉的专性寄主。树皮可提制栲胶。萌条枝可编制工具。枝叶、花均可入药。

臭 椿

臭椿是苦木科臭椿属阔叶落叶乔木。又称椿树。

◆ **分布**

臭椿主产亚洲东南部，分布广泛。在中国以黄河流域为中心，西至陕西、甘肃、青海，南至长江流域各地，向北至辽宁南部，华北各地、西北地区均有栽培。

◆ **形态特征**

臭椿干形端直，合轴分枝。一回奇数羽状复叶，齿顶有腺点，有臭味。雌雄同株或异株。圆锥花序顶生，白绿色，花期 4 ～ 6 月。翅果，扁平，倒卵形或纺锤形。种子位于中央。9 ～ 10 月成熟，熟时果实淡褐色或灰黄褐色。

◆ **培育**

臭椿是喜光、阳性树种，生长较快，适应性强；耐干旱、瘠薄，但不耐水湿，长期积水会烂根致死；能耐中度盐碱土，在土壤含盐量达0.3% 情况下，幼树生长良好；对微酸性、中性和石灰性土壤都能适应，在瘠薄的山地或淤积的沙滩及轻盐碱地均

臭椿

可生长，喜排水良好的沙壤土；对烟尘和二氧化硫及有毒气体抗性较强，是光肩星天牛的免疫树种。温水浸种催芽，播种育苗。植苗造林，干旱多风地区可秋季截干造林。

◆ **价值**

臭椿的树皮、嫩枝叶、根含有多种驱虫、杀虫、治癌的生物活性物质。臭椿冠大荫浓、树干挺直，在园林绿化中广为应用，是干旱、半干旱地区的主要造林、绿化树种。

刺　槐

刺槐是蝶形花科刺槐属落叶乔木。又称洋槐。因其具有较强的适应性、生长的速生性和用途的多样性被许多国家广泛引种栽培，与桉树、杨树一起被称为世界上引种最成功的三大树种之一。

◆ **分布**

刺槐原产美国东部阿巴拉契亚山脉和欧扎克山脉一带，1601 年被引入欧洲，1877 年作为庭院观赏树从日本首先引到南京栽植，但数量很少。1898 年，刺槐作为造林树种从德国大量引入中国青岛，此后被广泛栽培。在中国，广布于辽宁铁岭，内蒙古呼和浩特、包头以南，福州以北，台湾、江苏、浙江沿海以西，新疆石河子、伊宁、阿克苏、叶城，青海西宁，四川雅安、云南昆明以东地区。栽培区域在北纬 23°～46°，东经 86°～124° 范围内的 27 个省、自治区、直辖市。在黄河中下游、淮河流域的黄土高原塬面、沟坡、土石山坡中下部、山沟、黄泛细沙地、海滨细沙地及轻盐碱地（含盐量 0.3% 以下）多集中成片栽植，生长旺盛。垂直分布从渤海、黄海之滨到海拔 2100 米的黄土高原都有广泛栽植，在华北地区以 400～1200 米的地方生长最好。

刺槐已成为中国温带地区的主要造林树种，栽培遍及华北、西北和南部的广大地区，而以黄河中下游和淮河流域为中心。

◆ **种类**

刺槐全属约 20 种，除刺槐栽培较普遍外，部分庭园栽植同属种有毛刺槐和新墨西哥刺槐。常见刺槐变种有伞刺槐、无刺槐、红花刺槐等。除此之外，中国、匈牙利、韩国等国还培育有不同特点的刺槐栽培品种数十种。以下介绍均以刺槐为主。

◆ **形态特征**

刺槐最高达 30 米，胸径可达 1.1 米。树皮灰褐色至黑褐色，纵裂。小枝光滑，有托叶刺。奇数羽状复叶，互生，小叶窄椭圆形或卵形，质地薄，两面光滑无毛。蝶形花，总状花序长 10～20 厘米，花冠白色，具清香气，雄蕊 10 枚。荚果长 4～10 厘米，扁平。种子扁肾形，黑色或褐色，常带较淡色的斑纹。

◆ **生长习性**

刺槐系喜光树种，不耐荫蔽。喜温暖湿润气候，不耐寒冷。原产地为湿润气候区，年平均降水量 1000～1500 毫米，7 月份平均气温 20～26.5℃，1 月份平均气温 1.7～7.2℃，每年无霜期 140～220 天。在中国年平均气温 8～14℃、年降水量 500～900 毫米的地方，生长良好，干形较通直；在年平均气温 5～7℃、年降水量 400～500 毫米的地方，幼龄刺槐及 1～3 年生枝条常受冻害，树干分叉早而弯曲；在年平均气温低于 5℃、年降水量低于 400 毫米的地方，地上部分年年冻死，翌春又重新萌发新枝，多呈灌木状态。对土壤要求不严，最喜土层深厚、肥沃、疏松、湿润的粉沙土、沙壤土和壤土。对土壤酸碱度也不敏感，无论在中性土、酸性土，还是含盐量 0.3% 以下的盐碱土上都能正常生长发育。但在底土过于坚硬黏重、排水通气不良的黏土、粗沙土、薄层土上，生长不良。土壤水分充足时生长快，干形直。具有一定的抗旱能力，但在久旱不雨的严重干旱季节，往往枯梢，甚至大量死亡。不耐水湿，土壤水分过多时常发生烂根和紫纹羽病，以致整株死亡。怕风，栽植在风口处的林木生长缓慢，干形弯曲，容易发生风折、风倒、倾斜或偏冠。生长快，是世界上重要的速生阔叶树种之一。树冠浓密。主根不发达，一般在距地表 30 ～ 50 厘米处发出数根粗壮侧根，根深可达 1.4 米，也有达 6 ～ 8 米的。水平根系分布较浅，多集中于表土层 5 ～ 50 厘米内，放射状伸展，交织成网状。结实早且产量丰富。3 ～ 6 年生幼树即可开花结实，每隔 1 ～ 2 年种子丰收一次，15 ～ 40 年生时，大量结实，40 年后逐渐衰退。刺槐栽植后第 2 ～ 6 年是树高旺盛生长高峰，每年高生长量可达 1.0 ～ 2.5 米，持续 3 ～ 4 年。直径的旺盛生长期出现在 5 ～ 10 年，每年平均生长 0.9 ～ 2.7 厘米，较好立地条件下的旺盛生长期持续时间长。材积生长的旺盛期在 15 ～ 20 年以后，在较好的立地条件下能保持 40 年以上。

◆ 培育

刺槐以播种繁殖为主。秋季，荚果由绿色变为赤褐色，荚皮变硬呈干枯状，即为成熟，应适时采种，并经日晒、除去果皮、秕粒和夹杂物，取得纯净种子。荚果出种率为 10% ～ 20%，千粒重约为 20 克，发芽率为80%～90%。选择有水浇条件、排水良好、深厚肥沃的沙壤土育苗最好。土壤含盐量要在0.2%以下，地下水位大于1米。育苗忌连作，可与杨树、松树等轮作。种皮厚而坚硬，播种前须经热水浸种处理。以春播为主，但在春季特别干旱的地方，也可雨季播种。畦床条播或大田式播种均可。

刺槐最适生的造林地为具有壤质间层的河漫滩地，在地表40～80厘米以下有沙壤至黏壤土的粉沙地、细沙地，土层深厚的石灰岩和页岩山地，黄土高原沟谷坡地。但风口地、含盐量在0.3%以上的盐碱地、地下水位高于0.5米的低洼积水地、过于干旱的粗沙地、重黏土地等均不宜栽植刺槐。造林方法因地而异。在冬、春季多风、比较干燥寒冷的地区，可在秋季或早春采用截干造林；在气候温暖湿润而风少的地方，可在春季带干造林。造林密度要适宜。刺槐与杨树、白榆、臭椿、侧柏、紫穗槐等混交造林，林木生长量大，病虫害少。混交方式以带状为好。在中国北方地区的成熟年龄一般为20～30年，在好的立地条件下为40年。

刺槐受刺槐蚜、刺槐尺蠖、小皱椿、刺槐种子小蜂等多种害虫为害。小皱蝽为害严重时，可使幼树整株枯死。刺槐蚜是嫩梢、幼叶的重要害虫。刺槐尺蛾、桑褶翅尺蛾等都是主要的食叶害虫。刺槐种子小蜂是种子的主要害虫，被害率可高达80%以上。刺槐常见病害有紫纹羽病、刺槐干腐病和刺槐花叶病。紫纹羽病病原菌通过土壤侵染刺槐根部，感病严重时，根部腐烂，树冠枯死或风倒。刺槐干腐病病原菌通过侵染刺槐主干内皮层，引起输导组织腐烂，为害枝干，造成枯枝或整株枯萎而亡。刺槐花叶病由车前草花叶病毒（RMV）引起，表现为叶片变窄变长，严重者呈线条状，小枝形成枝条丛生现象。

◆ 价值

刺槐木材材质重而坚硬。木材超负荷时的破坏面呈纤维状犬牙交错，破坏过程时间较长。当所受负荷达到抗压极限强度的 70% 以上时，就产生咯吱咯吱的警戒响声；压力继续增加，咯吱声可以传到几米以外。这种优良特性最适宜于矿柱用材。木材坚韧，很适合用于桥梁构件、机械部件、车轮、工具把柄、车轴、运动器材等，木材耐磨性能强，适于作地板、滑雪板、木橇、农具零件、枕木等。耐腐朽力强，适了水工、土工、造船、海带养殖等用材。枝权、树根易燃，火力旺，发热量大，着火时间长，是上等薪炭材。叶可作饲料和沤制绿肥；花是上等蜜源，畅销于市场上的槐花蜜，具有香味适度、结晶慢的特点。

柳 树

柳树是杨柳科柳属植物栽培种的通称。全世界有 500 多种，中国有柳属树种 257 种，122 个变种，33 个变型。

◆ 分布

柳树主要分布在北半球温带地区。中国是柳树重要分布地区。从黑龙江的松嫩平原到青藏高原海拔 4000 米以上的高山草甸，从新疆塔里木盆地到台湾的阿里山，分布着高 20 米以上大乔木到株高不足 30 厘米各种柳属植物。中国热带地区分布的柳属仅有少量，10 余种；在海拔 3000 米以上高山地区，主要分布较矮小的垫状或匍匐状或小灌木类柳林；在长江、黄河、黑龙江、松花江等河流冲积平原地区，主要分布旱柳、垂柳、朝鲜垂柳、钻天柳等高大乔木柳林。从气候特点看，中国温带地区柳树分布最多，有 106 种；青藏高原以其独特的地理与气候条件，也分布了大量的柳树种质资源，有 93 种；在中国的亚热带区域分布的柳属，有 61 种。

◆ **形态特征**

柳树为乔木或匍匐状、垫状、直立灌木。枝圆柱形，髓心近圆形。无顶芽，侧芽通常紧贴枝上，芽鳞单一。叶互生，稀对生，通常狭而长，多为披针形，羽状脉，有锯齿或全缘；叶柄短；具托叶，多有锯齿。柔荑花序直立或斜展；苞片全缘；腺体 1～2；雌蕊由 2 心皮组成；蒴果 2 瓣裂；种子小，多暗褐色。

◆ **育苗**

主要有播种育苗和扦插育苗。

播种育苗：柳树果序成熟为黄绿色，当有 50% 的果序蒴果微微开裂，稍露白色时及时采下，阴凉通风干燥，蒴果开裂过孔径 0.2～0.3 厘米的筛取得较为纯净的种子。也可收集飞落柳絮，过筛除杂取得种子。采集后种子不耐贮藏，要及时播种。选择肥沃的沙壤土，采用低床落水播种（条播）。播种量每亩 0.25～0.5 千克，播种带宽 5 厘米左右，带间距离 30～50 厘米。播种后一般不需覆土，播种后一天便开始发芽，2～3 天出齐。

扦插育苗：选取生长健壮、侧芽饱满、木质化程度高、无病虫害的一年生苗木作为种条。一般在春季萌动前剪条，也可在深秋苗木落叶后采条、冬藏春插。用锋利剪刀制穗，穗条下切口切削角度 45°、上切口剪平。上切口距第一个芽上端 1 厘米，确保插穗上端的第一个芽完整。插穗长度 16～20 厘米，直径 1.5～2 厘米。春季，地温稳定在 10℃

以上时进行扦插。扦插前将插穗放入清水中浸泡 1～3 天。高床作业，直插，插后覆土 1 厘米，扦插密度为（40～50）厘米×60 厘米，扦插后立刻灌水一次。随后采取常规田间抚育技术。

◆ 造林方式

秋季落叶后至早春萌芽前均可栽植柳树。可采用插条、插干和植苗等方式造林。

插条造林

适用于农耕休闲地或全面翻垦、杂草很少的河滩地。灌木柳均采取插条造林；乔木柳插条造林时，选用 1～2 年生健壮苗木，截成小头直径 2 厘米以上、长度 40 厘米以上的插条造林。插条时可挖穴造林或用钢钎打孔，插条小头向上，直插，小头端与地表平齐。造林前，插条在清水中浸泡 24 小时以上。以用材为目的时，可适当稀植，造林后应及时清除过多的萌条。

插干造林

选用苗干通直、苗高 4 米以上、地径 3.5 厘米以上，无病虫害的壮苗造林，常用于低湿滩地造林。在苗圃中用锋利的工具将达到规格要求的苗平地切断，剪除全部侧枝，苗木及时归集，1/3 苗干置于清水中浸泡 24 小时以上。采用钢钎打孔，孔深 60～80 厘米，直径 3～4 厘米，随打孔随插干。将准备好的苗干直接插入打好的孔中，苗干插入深度视造林地水分条件定，一般为 60～80 厘米，插后踩实根部土壤。

植苗造林

在沿海及多风地区造林时宜采用带根苗植苗造林。选用苗干通直、苗高 4 米以上、地径 3.5 厘米以上，无病虫害的壮苗造林，起苗时保留根长 ≥ 25 厘米，将起苗时劈裂的根系修剪平整，苗木起出后及时归集，将根系置于清水中浸泡 24 小时以上。在全面翻耕的基础上挖穴，栽植穴规格为 60 厘米 ×60 厘米 ×70 厘米（深），挖穴时表土与心土分开放置。向栽植穴中回填 15 ～ 20 厘米表土后，放入浸泡过的苗木，扶正填土，填土 30 厘米后轻提树苗，使根系舒展，分层踩实，浇水，继续填土至穴口，踩实。

紫穗槐

紫穗槐是蝶形花科紫穗槐属的一种。又称棉槐、紫花槐、穗花槐。因其花冠呈蓝紫色，总状花序呈穗形而得名。

◆ 分布

紫穗槐原产于北美洲。20 世纪 20 年代引入中国。在中国分布范围北至黑龙江，南至广西，东至浙江，西至新疆、云南、贵州等省、自治区；以黄河流域的陕西、甘肃、宁夏、内蒙古南部、河南东西部分布最为普遍；分布在海拔 1600 米以下的各种立地上。

◆ 形态特征

紫穗槐为落叶丛生灌木，高达 4 米，枝条直伸，树皮暗灰色，幼枝密被毛。奇数羽状复叶，小叶 11 ～ 25 枚，卵形、椭圆形或披针状椭圆形，叶内有透明油腺点。总状花序、顶生、直立。荚果弯曲，长 7 ～ 9 毫米，棕褐色，密被瘤状腺点，不开裂，内含种子 1 粒。花期为 5 ～ 6 月，果熟期为 9 ～ 10 月。

◆ **生长习性**

紫穗槐的最适气候条件为年均温 10 ～ 16℃，年降水量为 500 ～ 700 毫米。抗逆性极强，在 1 月平均最低气温 -25.6℃ 的黑龙江密山尚能正常越冬，在年降水量 93 毫米、蒸发量 2000 毫米以上的新疆精河也能生长。

耐风蚀、沙埋、沙打能力强，并有一定的抗污染能力。耐涝，短期被水淹而不死，林地流水浸泡 1 个月也影响不大。喜光，稍耐庇荫，在郁闭度 0.5 以下林分能旺盛生长，郁闭度 0.6 ～ 0.7 生长受阻、开花结果受限，0.8 以上濒临死亡。对土壤要求不严，但以沙壤土生长较好。在土壤含盐量 0.3% ～ 0.5% 的条件下，也能正常生长。萌芽和萌蘗力强，耐平茬，枝叶茂密，侧根发达。平茬后，当年萌条高 1 ～ 2 米，每丛 20 ～ 30 根，丛幅宽达 1.5 米，根系盘结在 2 平方米内深 30 厘米的表土层。

紫穗槐

◆ **培育与造林**

紫穗槐主要用种子繁殖，播种育苗。播前须碾破荚壳、用温水浸种催芽，也可采用硬枝扦插法育苗。苗木虽受金龟子和象鼻虫为害，但很轻。造林方法有植苗、插条、直播和分根等。植苗造林主要在秋冬季或春季进行，单植或丛植；在春季干旱、风大的地区，可用截干造林。插条造林一般春、秋季均可进行，适用于梯田地埂、渠坎、河滩等土层深厚的地方。直播造林可在雨季前或下过透雨时进行，穴播或条播。造林密度每公顷 4500～6000 株（穴）。一般在造林后的第 1 年或第 2 年秋季开始平茬，平茬后要松土、培墩，扩大根盘。紫穗槐与油松、侧柏、刺槐、白榆、杨树、沙柳等乔、灌木混交，效果良好。林地主要害虫有大袋蛾和紫穗槐豆象。

◆ 价值

紫穗槐嫩枝叶可作肥料、饲料，枝条可作编织材料、燃料，茎、叶内含苷和单宁等物质，是生物农药的好原料。花为蜜源。荚果和叶肉含有鞣质，可用于制革；荚果也含芳香油，可用于食品工业。种子含油率 15%，可用来制肥皂、漆、甘油和润滑油，种子也富含鱼藤酮、异黄酮等药用成分，具有显著的抗糖尿病、抗肿瘤作用。根系发达，具有根瘤菌，能改良土壤、固沙保土，是保持水土和防风固沙的多用途树种。

叉子圆柏

叉子圆柏是柏科圆柏属的一种匍匐灌木、稀直立灌木或小乔木。又称砂地柏、臭柏。

◆ 分布

叉子圆柏产于中国新疆天山至阿尔泰山、宁夏贺兰山、内蒙古、青海东北部、甘肃祁连山北坡及古浪、景泰、靖远等地，以及陕西北部榆林。生于海拔 1100 ～ 2800（或 3300）米地带的多石山坡，或生于针叶树或针叶树阔叶树混交林内，或生于沙丘上。欧洲南部至中亚也有分布。

◆ **形态特征**

叉子圆柏高不及 1 米，枝密，斜上伸展，枝皮灰褐色，裂成薄片脱落；一年生枝的分枝皆为圆柱形，径约 1 毫米。叶二型：刺叶常生于幼树上，稀在壮龄树上与鳞叶并存，常交互对生或兼有三叶交叉轮生，排列较密，向上斜展，长 3 ～ 7 毫米，先端刺尖，上面凹，下面拱圆，中部有长椭圆形或条形腺体；鳞叶交互对生，排列紧密或稍疏，斜方形或菱状卵形，长 1 ～ 2.5 毫米，先端微钝或急尖，背面中部有明显的椭圆形或卵形腺体。雌雄异株，稀同株；雄球花椭圆形或矩圆形，长 2 ～ 3 毫米；雄蕊 5 ～ 7 对，每对有 2 ～ 4 个花药，药隔钝角三角形；雌球花曲垂或初期直立而随后俯垂。球果生于向下弯曲的小枝顶端，熟前蓝绿色，熟时褐色至紫蓝色或黑色，有白粉。具 1 ～ 5 粒种子，多为 2 ～ 3 粒，形状不同，多为倒三角状球形，长 5 ～ 8 毫米，直径 5 ～ 9 毫米；种子常为卵圆形，微扁，长 4 ～ 5 毫米，顶端钝或微尖，有纵脊与树脂槽。

◆ **生长习性**

叉子圆柏具有抗寒、抗旱、固沙、抗风蚀能力，在钙质土壤、微酸性土壤、微碱性土壤及沙质土上均能生长。

◆ **培育**

叉子圆柏育苗主要用营养繁殖方法，一般在春季 4 ～ 5 月份和秋季 9 ～ 10 月份进行。利用发育良好、无机械损伤、无病虫害的木质化枝条为种条，剪成 15 ～ 30 厘米左右的插穗，并剪除基部 6 ～ 8 厘米处的枝叶，以便于扦插。扦插时株距为 8～12 厘米，行距为 20～25 厘米，扦插深度为插穗长的 1/3～1/4，以不倒为宜，插后稍加压实。叉子圆柏多采用植苗造林。采用 1～2 年生容器苗，在春季或雨季造林。山地、丘陵应采用穴状整地或带状整地，穴状整地宽 30～40 厘米，深 15～20 厘米，带状整地可采用水平阶、水平沟、反坡梯田等。主要病害有根腐病，主要害虫有地老虎、蝼蛄、蛴螬、线虫等。

◆ **价值**

叉子圆柏枝叶、果实中含有多种化学成分，是重要木本饲料，在医药上具有抗肿瘤、治腰膝痛等功效，在农业上具有杀虫、驱蚊作用，精油也是重要的香料。

落叶松

落叶松是松科落叶松属植物的通称。落叶松是北方和山地寒温带干燥寒冷气候条件下代表性针叶林树种之一，常形成大面积纯林，或与其他树种混生。分为红杉组和落叶松组。

◆ **分布**

落叶松天然分布在亚洲、欧洲和北美洲温带山区、寒温带平原，以及高山气候区，形成广袤的落叶松纯林。全世界有落叶松约 18 种；中国有 10 种，在 16 个省、自治区、直辖市有分布或商品性栽培，为中国针叶树中栽种区域最广的树种。从北纬 26°的西藏南部至北纬 52°的黑龙江黑河，形成了一条由西南至东北走向贯穿中国大陆中部的、狭长的斜切分布带。

◆ 形态特征

落叶松为落叶乔木，高可达35米。树冠尖塔形或圆锥形，规整、美观，针叶柔软，春季呈淡绿色，夏季呈深绿色，秋季呈金黄色，冬季落叶。至秋，叶黄，形成独特的地带性秋季景观，因此也可作为优良的生态景观树种。树皮灰（暗）褐色或暗灰色，多呈块状或长片状剥裂。小枝通常较细，分长枝和短枝。冬芽小，近球形，芽鳞排列紧密。叶呈螺旋状，散生于长枝，簇生于短枝，条形，扁平，柔软，表面平或中脉隆起，背面中脉隆起，两侧有气孔线。

落叶松雌雄同株，花单性，单生于短枝上；雄球花黄色，雌球花近球形，苞鳞显著，绿紫色或红色，春季与叶同时开放。球果当年成熟，近球形或圆柱形，苞鳞露出或不露出。种子三角状倒卵形，千粒重2.5～9.6克，具膜质长翅，当年成熟时散落。

◆ 生长习性

落叶松喜光，不耐上方蔽荫，耐寒性强。对土壤肥力和水分反应敏感。在土层深厚、肥沃、疏松、透水良好的壤土或沙壤土上生长良好，在土壤干旱的南坡和沙地或排水差的沼泽化、泥炭质的黏重土壤上生长不良，适宜在pH为5.0～6.5的微酸性棕壤、暗棕壤、暗棕壤性白浆土、草甸土、褐土、黄土、黄棕壤、黄褐土、山地棕壤等土壤上生长。属浅根性树种，不抗强风。一般为生产力高的速生树种，为各分布区内重要用材和生态树种。

◆ 繁殖

落叶松主要依靠种子繁殖或无性扦插繁殖，人工造林或人工促进天然更新。采用经雪藏处理后的种子播种育苗，发芽快、出苗整齐，有利于苗期生长；未经雪藏的种子要在播种前 7 ～ 10 天进行催芽处理。播种量约为 75 千克 / 公顷。播种后，浇水少量、多次，保持苗床表层始终处于湿润状态即可；苗木开始高生长后，需适当增加浇水量和浇水次数，并适时适量追施氮肥；生长后期，停止浇水施肥，以促进苗木木质化，增强苗木抗寒性。

◆ **种群现状**

红杉组

红杉组主要有西藏红杉、怒江红杉、四川红杉、喜马拉雅红杉、太白红杉、红杉。红杉组落叶松很少有人工造林，大部分以天然林或天然次生林的状态存在，其中四川红杉和太白红杉林天然林面积逐渐减小，现呈小块状或零星散生。

西藏红杉产于西藏南部喜马拉雅山区北坡及东南部波密、米林、林芝等海拔 3000 ～ 4000 米的高山地带。印度、尼泊尔、不丹也有分布。在山坡下部，与乔松、云南铁杉等混生；在山坡中部，与林芝云杉、西藏云杉、西藏冷杉等混生；在高山上部，通常为纯林。

怒江红杉分布于怒江两侧的怒山、高黎贡山及澜沧江流域的剑川、德钦、维西及西藏东南部察隅、墨脱海拔 2600 ～ 4100 米的高山上。缅甸北部也有分布。在海拔 2800 米以下，与云南铁杉及阔叶树混生；在海拔 2800 ～ 3800 米地区，与怒江冷杉、长苞冷杉、高山松、高山栎等混生；在海拔 3800 米以上，为稀疏纯林。

喜马拉雅红杉分布于西藏南部吉隆和珠穆朗玛峰北坡海拔 2800 ～ 3600 米地带的河漫滩上或河谷两岸，通常为纯林或与云杉等组成混交林。尼泊尔也有分布。

四川红杉分布于四川岷江流域的汶川、都江堰、宝兴及涪江流域的平武至北川之间海拔 2000 ～ 3500 米的山地，多呈块状或小团状分布，与云杉、冷杉等混生。

红杉分布于甘肃南部、四川岷江流域、大小金川流域至康定道孚、丹巴等地海拔 2500 ～ 4100 米的高山上。在海拔 2500 ～ 3800 米，常与鳞皮冷杉、川西云杉混生，采伐或破坏后形成过渡性纯林；在海拔 3800 ～ 4000 米地带，组成稳定性纯林；在海拔 4100 米则成稀疏矮林。

太白红杉分布于陕西秦岭太白山海拔 2700 ～ 3300 米的山地，形成高山落叶松林带。

落叶松组

落叶松组在中国分布于西北、华北、东北低海拔山区，主要有西伯利亚（新疆）落叶松、华北落叶松、兴安落叶松、长白落叶松。此外，日本落叶松自 1884 年引入中国后，在中国温带、暖温带及中、北亚热带高山区得以迅速推广。欧洲落叶松在中国也有引种栽培，多用于绿化栽培。

兴安落叶松分布于大、小兴安岭海拔 300 ～ 1700 米地带，构成大面积纯林。俄罗斯的西伯利亚、远东地区及朝鲜北部高山地带也有分布。

长白落叶松分布在长白山、张广才岭及老爷岭海拔 500 ～ 1800 米的山地。朝鲜北部及俄罗斯远东地区也有分布，海拔 1100 米以下，常与水曲柳、白桦、紫椴等组成混交林，海拔 1100 米以上，则与红松、鱼鳞云杉、臭冷杉等混生。受采伐影响，天然种群主要集中在抚松、长白、安图、和龙一带。

华北落叶松主要分布在河北、山西两省，北京和内蒙古最南部也有少量分布，一般生长在海拔 1200～2800 米的阴坡，集中分布在山西吕梁山脉中段的关帝山和北段的管涔山林区、太行山脉的五台山林区、恒山林区、太行山与吕梁山间的太岳林区及河北燕山山脉。此外，中国北方低海拔山区、西北干旱和半干旱山区也进行了人工引种。

西伯利亚落叶松在中国主要分布于新疆阿尔泰山及天山东部，在俄罗斯有广泛分布。在中国阿尔泰山西北部海拔 1900～3500 米地带，常与新疆五针松、新疆冷杉组成混交林，在东南部 1000～2600 米地带组成大面积纯林。

日本落叶松主要分布于日本本州岛中部大约 200 平方千米的狭小范围内，群体间呈不连续的岛状分布，海拔 900～2500 米为纯林或混交林，海拔 2500～3100 米呈帚状矮林。在中国有广泛的引种栽培。

◆ 培育与造林

落叶松一般采用植苗造林，以裸根苗或容器苗穴植造林。造林密度通常为 2500 株 / 公顷（2 米 ×2 米）、3300 株 / 公顷（2 米 ×1.5 米）或 4400 株 / 公顷（1.5 米 ×1.5 米）。培育大径材可适当稀植，培育中小径材适当密植；立地条件好适宜稀植，立地条件差可适当密植；交通方便、劳力充足、小径材有销路之地，可适当密植。

落叶松造林后需及时抚育，主要包括除草割灌、扩穴松土等，可提高造林成活率，促进幼树生长。林分郁闭后（造林后 10～13 年），进行修枝和间伐作业。间伐年龄、强度和次数，除要考虑培育目标、立地及造林密度外，还要考虑当地经济、交通、劳力、产品销售等条件，保证保留木的迅速生长，以及培育材种的质量要求，确保间伐后的林分稳定。

◆ **价值**

落叶松树干通直，尖削度小，木材坚实，强度高，耐腐性强，常作为电杆、桩木、桥梁、枕木、坑木、车辆、家具、地板和造船等材料，以及建筑中的屋架、梁、檩等用材。其木材纹理通直，顺纹抗压强度、抗弯强度位居针叶材前列，同时具有较高的防腐和耐湿性能，干燥性能良好，加工性能、胶黏性能和耐磨性能中等，握钉力较大，可作为优良结构用集成材原料。同时，也是中国四大针叶纸浆材树种之一，其生物质产量高，Kappa值较低，纤维长且宽度大，打浆能耗低，制浆造纸工艺易于控制，成纸性能稳定，适宜于生产包装纸、高强瓦楞纸、纸板，以及生活用纸、香烟滤嘴棒包裹纸等。树皮是制造栲胶的重要原料。四川红杉为国家二级保护濒危种，太白红杉为国家三级保护渐危种。

◆ **保护利用**

四川红杉和太白红杉在中心产地四川卧龙、陕西太白山和佛坪建立了自然保护区，被列入保护对象。在其他未建自然保护区的地方，应加强护林防火、严禁砍伐，采取人工促进天然更新及人工培育等保护措施。

落叶松主要病害有落叶松苗立枯病、早期落叶病、枯梢病、褐锈病、癌肿病等；主要害虫有落叶松毛虫、落叶松叶蜂、落叶松鞘蛾、落叶松球蚜、舞毒蛾、落叶松八齿小蠹等食叶和蛀干害虫。落叶松病虫害防治首先要做到适地适树，并加强林分抚育管理，适当营造混交林，或降低林分密度，提高生物多样性，增加林分生态稳定性；对发病较重的林分采取生物或化学方法进行防治。

白皮松

白皮松是松科松属一种常绿乔木。又称白骨松、三针松、白果松、虎皮松、蟠龙松、蛇皮松。

◆ 分布

白皮松是中国特有树种。主要分布于中国境内北纬 29°55′～38°25′，东经 103°36′～115°17′，横跨暖温带、北亚热带和中亚热带。天然林水平分布区域相对较广，分布呈现明显的不连续性，属于小面积块状分布。遍及甘肃南部，陕西西部、西南部，山西中部、南部及西南部，河南南部、西南部，四川北部、西北部，湖南北部，湖北北部、西部及西北部等地。在京、冀、辽、鲁、青等省、直辖市有引种栽培。

◆ 形态特征

白皮松高达 30 米，胸径 2～3 米。树冠一般呈塔型、圆顶型和散开型 3 种类型。树皮灰白色、粉白色或白、黄相间，呈不规则鳞片状脱落。幼树树皮平滑，灰绿色，老树树皮不规则鳞片脱落后露出粉白色内皮，斑驳美观。针叶 3 针一束，长 5～10 厘米。一年生枝灰绿色，无毛。雌雄同株，雄花无梗生于新枝基部，多数集成穗状。球果单生，第二年 9～11 月成熟。球果长 5～7 厘米，直径 4～6 厘米。种子灰褐色，近倒卵圆形，长约 1 厘米，直径 0.5～0.6 厘米。白皮松寿命长达数百年。

◆ 生长习性

白皮松为深根性树种，主根明显、根系庞大，根系与菌根菌共生。高生长旺盛期一般在 10 年以后，高峰出现在 20～30 年，40 年以后生长趋于缓慢。而直径生长在 10 年后迅速上升，高峰期在 50～60 年。喜光，幼苗期稍耐阴，抗性强，病虫害少，能适应干旱瘠薄的立地条件。具有较强的抗寒性，能在酸性石质山地及石灰岩地区生长，在土层深厚、肥沃的钙质土或黄土上生长良好。但要求土壤通透性良好，在排水不良或积水地段不能生长。此外，对二氧化硫及烟尘等污染有较强的抗性，对病虫害也有较强的抵抗能力。

◆ 培育

白皮松多采用播种育苗，在实践中也可采用嫁接育苗和扦插育苗。不同种源的休眠程度不同，可根据当地种源特点选择适宜的催芽方法。幼苗生长缓慢，一般需经 2～3 次移植后出圃。注意对立枯病、松落叶病、种蝇和松大蚜病的防控。在山西、河南、陕西、甘肃海拔 1000 米（或 1800 米）以下山地及平原地区，及华北地区 800 米以下的阴坡或阳坡均可造林。北京山区低山阳坡厚土的立地条件适宜白皮松造林，在平原地区造林时以透气透水的沙壤土为好，同时要避开盐碱土和建筑渣土。用于城市绿化的，可在公园、庭院、小区或街道等土壤深厚、通透性良好的地段栽植绿化。

◆ 价值

白皮松树形优美、挺拔苍翠，老年枝干色如白雪形如龙，是中国华北及其他适生区城市、庭园、四旁美化绿化珍贵树种，也是山区或干旱地区造林优良树种，还是森林公园、风景区优化配置的首选树种之一。在园林景观绿化中，可通过孤植、对植、行列栽植、丛植和林植等方式来形成独特景色。用材上，一般用作建筑板材、家具、文具。此外，在高档用材或特殊用材方面具有很大的潜力，还具有重要的化工、食用和药用价值。

白 杨

白杨是杨柳科杨属的一组植物。白杨组包括银白杨、山杨、美洲山杨、欧洲山杨、毛白杨、响叶杨、河北杨、新疆杨、银灰杨、大齿杨等10 余种，通称为白杨。主要分布于北半球。中国产 6 种，2 变种。

◆ **分布**

白杨组树种主要分布在亚洲、欧洲、北美洲及非洲北部，垂直分布为海拔 50 ～ 3800 米，分别占据不同的生态区域。在中国，可见于西北、东北、华北、华东、华南、华中及西南，其中毛白杨、响叶杨、河北杨是中国特有种。山杨主要分布区在中国。银白杨、银灰杨和欧洲山杨在中国只在新疆额尔齐斯河流域有天然分布。

◆ **形态特征**

白杨树干高大挺拔。树皮光滑，灰绿至灰白色，皮孔菱形，老树基部黑灰色，纵裂。叶芽卵形，冬芽和幼枝密生白色茸毛。长枝叶宽卵形或三角状卵形，先端短渐尖，基部心形或平截，边缘具波状齿牙或深裂，叶背密被茸毛。叶柄上部扁，顶端常有 2 ～ 4 腺体。短枝叶卵形或卵圆形，先端渐尖，边缘具波状齿牙，初有白茸毛，后渐脱落。花单性，雌雄异株，花芽卵圆形或近球形，柔荑花序，苞片密被长毛。雄花序长 5 ～ 20厘米，雄蕊 5 ～ 12 枚，花药红色或黄色；雌花序长 5 ～ 12 厘米，雌蕊心皮 2 个，柱头红色，2 裂或 4 裂。果圆锥形或长卵形，2 瓣裂。花期 3 ～ 4月，果期 4 ～ 5 月。

◆ 生长习性

白杨具深根性，喜光喜肥，生长迅速，材质优良，冠形优美。不同种对土壤、热量的要求和耐寒性不同，但都具有一定的耐旱和耐盐碱能力。有根蘖成林等特性，在其自然分布区内多可形成独特的自然景观。

◆ 培育

白杨栽培历史悠久，最早记载见于西晋崔豹的《古今注》（约 3 世纪），而白杨遗传改良始于 20 世纪中叶。1946 年，叶培忠在甘肃天水进行了河北杨 × 毛白杨杂交试验。1954 年，徐纬英等获得毛白杨与新疆杨的杂种后代。20 世纪 80 年代初，朱之悌等组织中国 10 个省协作开展毛白杨基因资源收集、保存、种质创新及繁殖技术研究，建立了毛白杨种质资源库，并进一步利用毛白杨天然 2n 花粉授粉杂交，在国内首次选育出 27 个生长材质俱优的白杨异源三倍体。通过国家良种审定的白杨品种有三毛杨 7 号、三毛杨 8 号、毅杨 1 号、毅杨 2 号、毅杨 3 号、北林雄株 1 号、北林雄株 2 号等。

白杨通过分株或埋条法繁殖。山西、山东、河北等地采用扦插易生根的大官杨为砧木,通过"接炮捻"枝接、"一条鞭"芽接等方法繁殖。在此基础上,朱之悌等研究出毛白杨多圃配套系列育苗新技术,解决了白杨无性繁殖材料幼化、复壮以及大规模扩繁的难题。

白杨造林可采用 1～2 年生优良无性系品种苗木,定植密度为 560～1650 株/公顷。贾黎明团队采用节水灌溉和随水施肥制度进行三倍体毛白杨纸浆林抚育管理,年均蓄积增长量达到 30 米³/(公顷·年)以上,比对照提高 40% 以上。

◆ 价值

白杨木材质软,可用于建筑、家具及胶合板、密度板、纸浆生产等,也可用于防护林建设和园林绿化。《齐民要术》记载了毛白杨作为养蚕架横档木、屋椽和房梁的栽培利用周期,"三年,中为蚕檋;五年,任为屋椽;十年,堪为栋梁"。而从北周庾信"新年鸟声千种啭,二月杨花满路飞"的诗句可知,毛白杨在古都长安园林中有利用。现河北、山东、河南、甘肃等地仍可见到一些 300～600 年生古树。

桦　树

桦树是桦木科桦木属树种的总称。为落叶乔木或灌木。

◆ 分类与分布

全世界有桦木属树种 100 余种,主要分布于北温带,少数树种分布至寒带及亚热带中山地区。中国产约 30 种,几乎全国都有分布,以东北、西北和西南高山地区为最多,林地面积约 500 万公顷,占森林总面积约 5%。

桦树主要乔木种类有白桦、红桦、硕桦、光皮桦、糙皮桦、西南桦等。①白桦。广泛分布于中国东北、华北、西北和西南地区，是分布面积和蓄积量最大的桦树种类。②红桦。主要分布于中国华北和西北地区，以秦岭山地最为普遍，是西北地区发展前景良好的桦树种类。③硕桦。又称为枫桦、黄桦，分布于中国东北地区，材质优良，极具开发利用前景。④光皮桦。主要分布于中国秦岭和长江流域以南至两广北部及西部，其材质优良、用途广、经济效益高；生长快，适应性强，病虫害少，开发利用前景很好。⑤糙皮桦。分布于阿富汗、尼泊尔、印度，在中国分布于西藏、云南、四川西部、陕西、甘肃、青海、河南、河北和山西等地；生长于海拔 1700～3100 米的山坡林中。⑥西南桦。为速生珍贵用材树种，也是生态公益林建设的优良树种，在中国西南山区具有巨大的发展潜力。

◆ 形态特征

桦树树皮多光滑，薄层状剥裂。单叶互生，具齿裂。花单性，雌雄同株。柔荑花序，雄花序 2～4 枚簇生，雌花序单一或 2～5 枚生于短枝顶端。种子小、带翅，易于传播。桦树喜光，不耐庇荫。较喜湿润。耐干旱瘠薄，在水肥条件良好的立地生长良好。萌芽力强，萌芽更新良好。多为先锋树种，采伐迹地和火烧迹地首先更新，并为耐阴树种的更新创造条件。

◆ 培育

桦树以播种育苗为主，可以随采随播，也可以翌年春季播种，但要注意保持种子活力。以植苗造林为主，天然更新良好。

◆ 价值

桦木木材坚硬，结构细致，富有弹性，易于加工，是高级用材生产树种。可用于胶合板、家庭装饰、家具、细木工等用材。桦树树皮可提取焦油，可制作工艺品。桦树树形美观，也是园林绿化的良好树种。

华山松

华山松是松科松属常绿乔木，因模式标本采自陕西华山而得名。又称华阴松、白松（河南）、五须松（四川）、果松（云南）、马袋松、葫芦松（陕西）。

◆ 分布

华山松产于中国山西南部中条山、河南西南部及嵩山、陕西南部秦岭（东起华山，西至辛家山）、甘肃南部（洮河及白龙江流域）、四川、湖北西部、贵州中部及西北部、云南及西藏雅鲁藏布江下游。呈不连续片状分布，垂直分布范围海拔 1000～3400 米。江西庐山、浙江杭州等地有栽培。

◆ 形态特征

华山松幼树树皮灰绿色或淡灰色，平滑，成年树皮白灰色，成方形或块状固着于树干上，或脱落；枝条平展，树冠圆锥形或柱状塔形。微具树脂，芽鳞排列疏松。针叶 5 针一束，树脂道通常 3 个；叶鞘早落。雄球花黄色，卵状圆柱形，长约 1.4 厘米。球果圆锥状长卵圆形，长 10～20 厘米，径 5～8 厘米；幼时绿色，9 月中旬至 10 月中下旬成熟；成熟时黄色或褐黄色，种鳞张开，种子脱落，果梗长 2～3 厘米；种子黄褐色、暗褐色或黑色，倒卵圆形，长 1 ～ 1.5 厘米，径 6 ～ 10 毫米，无翅。花期为 4 ～ 5 月，球果第二年 9 ～ 10 月成熟。

◆ 生长习性

华山松喜温和、凉爽、湿润，忌水湿，不耐盐碱，喜光。幼苗耐庇荫，能在林冠下更新，气候不过于干燥时，也能在全光下生长。幼树随年龄增大而对光照要求增强。高温及干燥是限制其分布的主要因素。幼龄阶段生长迅速，在条件适宜的地方生长速度可与油松、云南松相当。在较好的立地条件下，蓄积量可达 400 ～ 500 米^3/ 公顷。结实年龄为 10 ～ 12 年，种子年间隔期一般为 3 年左右。根系较浅，主根不明显，侧根、须根发达，对土壤水分要求较严格。根系有菌根，共生的菌根菌为栗壳牛肝菌和美味牛肝菌等。新栽植时应注意菌根菌接种。

◆ 培育

华山松采用播种育苗。球果由绿色变为绿褐色时及时采收，采回后，先堆放 5 ～ 7 天，曝晒 3 ～ 4 天，果鳞大部分张开时敲打翻动，种子即可脱出。种子阴干，忌曝晒。播种育苗时，因种皮厚，发芽慢，宜早播。条播、撒播均可，以条播为主。多采用植苗造林，也可进行播种造林。造林一个月前整地。山地、丘陵应采用穴状整地或带状整地，穴宽 30 ～ 40 厘米，深 15 ～ 20 厘米。带状整地可采用水平阶、水平沟和反坡梯田等。主要病害有瘤病，主要害虫有华山松大小蠹、欧洲松叶蜂、松毛虫、松梢螟等。

◆ 价值

华山松树体高大，叶色翠绿，冠形优美，是重要的园林绿化和用材树种。材质轻软，纹理直，宜制作家具；也是建筑、枕木、桥梁、电杆、矿柱、农具用材；也可作铸型木模、火柴梗片、包装箱、胶合板等。木材富含纤维素，是优良的造纸材；可采脂制松香松节油；树皮可提栲胶；针叶综合利用可提制芳香油、造酒、制隔音板，可造纸，制绳索；精油中含龙脑酯；种子可食用，种子含油量为 42.76%（出油率为 22.24%），种仁含丰富的蛋白质和钙、磷、铁等元素，是上等干果食品。

胡　桃

胡桃是被子植物真双子叶植物壳斗目胡桃科胡桃属的一种。通称核桃。名出《博物志》，其中记载："张骞使西域还，乃得胡桃种。"

◆ 分布

胡桃分布于中国各地。生长在海拔 400 ～ 1800 米的山坡、沟谷及丘陵地带。现多为栽培。中亚、南亚和欧洲也有分布。

◆ 形态特征

胡桃为落叶乔木，枝具片状髓。奇数羽状复叶，互生，小叶 5 ～ 9，椭圆状卵形至长椭圆形，全缘。花单性，雌雄同株，雄花呈柔荑花序，下垂，具苞片 1 枚，小苞片 2 枚，花被片 3，

胡桃坚果

雄蕊多数。雌花 1 ～ 3 朵生于当年枝条顶端，苞片 1 枚及 2 枚小苞片愈合成一壶状总苞，花被片 4，心皮 2，合生，子房下位，2 室，每室 1 胚珠。果为核果状坚果，果序具 1 ～ 3 果，或称假核果，近球形，外果皮由苞片及花被发育而成，肉质，内果皮（核壳）骨质。花期 5 月，果期 10 月。

◆ **价值**

胡桃木材纹理平，耐冲撞，适于加工成器械木柄、制作家具及用于雕刻等。种仁含油量高，可生食，亦可榨油食用。

皂 荚

皂荚是豆科皂荚属落叶乔木或小乔木。又称大皂角、悬刀等。其干燥成熟果实入药，药材名大皂角；其干燥不育果实入药，药材名猪牙皂；其干燥棘刺入药，药材名皂角刺。皂荚为广布种。

皂荚叶片

◆ **形态特征**

皂荚高可达 30 米。叶为一回羽状复叶。花杂性，总状花序，黄白色。荚果带状，长 12 ～ 37 厘米，宽 2 ～ 4 厘米；或有的荚果短小，多少呈柱形，长 5 ～ 13 厘米，宽 1 ～ 1.5 厘米，弯曲作新月形，通常称猪牙皂，内无种子。花期 3 ～ 5 月，果期 5 ～ 12 月。

◆ **生长习性**

皂荚适应性较强，属于深根性树种。皂荚喜光，稍耐荫。在微酸性、石灰质、轻盐碱土、黏土或沙土均能正常生长。较强耐旱。生于山坡林中或谷地、路旁。种皮较厚，发芽率低。生长速度慢但寿命可达六七百年。一般需 6～8 年才能开花结果，结实期达数百年。也常栽培于庭院或宅旁。

◆ **培育与造林**

皂荚以种子繁殖，育苗后移栽。皂荚造林要点有：①选地与整地。宜选土层深厚、肥沃、湿润的壤土或沙壤土作为造林地。整地在秋、冬季。②田间管理。根据各生长阶段的不同要求及环境条件的变化进行。除草以少动土为好。施肥宜用有机肥，1 年 2 次。皂荚刺采收后，逐年向树干外围适当深挖垦抚进行培土。干旱时灌溉，雨季及时防涝。③病虫害防治。立枯病为害幼苗和成株；防治方法有增施磷钾肥，拔除病株并消毒。炭疽病为害叶片和茎；防治方法有清除病株，喷施农药。其他尚有褐斑病、煤污病和蚜虫等为害。

◆ **采收加工**

大皂角和猪牙皂在秋季果实成熟后采摘，晒干即成。皂角刺则在12 月至翌年 3 月采收，晒干。

◆ **价值**

历代本草书籍均有记载，皂荚药用名始于《神农本草经》，被列为下品。大皂角和猪牙皂均具有祛痰开窍，散结消肿的功效。皂角刺具消肿托毒，排脓，杀虫等功效。

用材树种

小叶杨

小叶杨是双子叶植物纲金虎尾目杨柳科杨属一种。由于短枝叶菱状卵形，与其他种类杨树相比叶形小，故名小叶杨。名出自《中国树木分类学》。寿龄 50 年左右。是中国特有的乡土树种，在中国北方干旱、半干旱地区具有悠久的栽培历史。

◆ 分布

小叶杨原产于中国。在中国分布广泛，东北、华北、华中、西南及西北干旱、半干旱地区均产。一般多生于海拔 2000 米以下，最高 2500 米；天然林或天然次生林多沿河流分布，多数散生或呈小块状分布。

◆ 形态特征

小叶杨为乔木，高可达 20 米。树皮幼时灰绿色，老时暗灰色，沟裂；树冠近圆形。幼树小枝及萌枝有明显棱脊，常为红褐色，老树小枝圆形，细长。芽细长，褐色，有黏质。叶菱状卵形、菱状椭圆形或菱状倒卵形，长 3 ～ 12 厘米，宽 2 ～ 8 厘米，中部以上较宽，上面淡绿色，下面灰绿或微白，无毛；叶柄圆筒形，长 0.5 ～ 4 厘米，黄绿色或带红色。雄花序长 2 ～ 7 厘米，花序轴无毛，苞片细条裂，雄蕊 8 ～ 15；雌花序长 3 ～ 6 厘米；苞片淡绿色，裂片褐色，无毛，柱头 2 裂。果序长达 15 厘米；蒴果小，2 瓣裂，无毛。花期 3 ～ 5 月，果期 4 ～ 6 月。

◆ **生长习性**

小叶杨为喜光树种，有较强的适应性，对气候和土壤要求不严，耐旱、耐寒、耐瘠薄或弱碱性土壤。在沙地或黄土沟谷也能生长，在土壤湿润、

小叶杨叶

肥沃的河岸、山沟和平原上生长最好，在栗钙土上生长不好。根系发达，抗风力强。

◆ **培育**

小叶杨可用插条、埋条、播种等方法繁殖。

◆ **价值**

小叶杨可作用材林、防护林、园林绿化树种。小叶杨对干旱地区的适应性较强，因此在中国有悠久的栽培历史，在内蒙古、山西、陕西、宁夏、青海等省、自治区有大面积的人工林。小叶杨是"三北"防护林工程的主要造林树种之一，在防风固沙、农田防护、保持水土等方面起到了积极的作用。随着具有优良生长特性的杨树品种不断引进，开始逐步替代了小叶杨。小叶杨在育种工作中经常作为亲本，以改善其他杨树的抗性和适应性，如小黑杨即为小叶杨和黑杨的杂交种。

青 杨

青杨是双子叶植物纲金虎尾目杨柳科杨属一种乔木。

◆ 名称来源

青杨名称最早源于《救荒本草》。寿龄 50 年左右。青杨是中国特有的造林、绿化树种，具有抗性强、易成活、适应性强等优良特性，在温带地区广泛栽培。

◆ 分布

青杨原产于中国。在中国北方分布很广，东至辽宁，西达青海，河北、内蒙古、山西、陕西、四川、甘肃等地区都有分布。垂直分布范围为海拔 1000 ～ 3900 米，常见于 2000 ～ 2800 米。

◆ 形态特征

青杨高可达 30 米。树冠阔卵形；树皮初光滑，老时沟裂。枝圆柱形，绿色、灰绿色至灰黄色。芽多黏质。叶柄圆柱形；短枝叶卵形、椭圆状卵形或狭卵形，长 5 ～ 10 厘米，宽 3.5 ～ 7 厘米，最宽处在中部以下，具侧脉 5 ～ 7 条；长枝或萌枝叶较大，卵状长圆形，长 10 ～ 20 厘米。雄花序长 5 ～ 6 厘米，雄蕊 30 ～ 35，苞片条裂；雌花序长 4 ～ 7 厘米，柱头 2 ～ 4 裂；果序长 10 ～ 15 厘米。蒴果卵圆形，3 ～ 4 瓣裂，稀 2 瓣裂。花期 3 ～ 5 月，果期 5 ～ 7 月。

◆ 生长习性

青杨喜温凉湿润，较耐寒，在平均气温不低于 0℃、年积温 2000℃·日以上的气候条件下，能够良好生长。可耐受的绝对最低气温达-30℃；不耐高温，在年均温 10℃ 以上的温暖区域常生长不良。天然青杨林多生长在河滩、山谷等环境中，在土壤深厚、肥沃的条件下生长良好。在青海、陕西、

青杨叶

甘肃及内蒙古等省、自治区的山坡和丘陵地带，常有大面积的青杨人工林栽培。

◆ 培育技术

青杨主要以种子繁殖或根蘖萌生的方法形成天然次生林，也可以无性繁殖苗或实生苗进行人工造林。

◆ 价值

青杨可作用材林、防护林、园林绿化树种。青杨有悠久的栽培历史，尤其在中国青海、甘肃等省，是城市绿化、四旁植树、农田防护及山区造林的主要树种，形成了大面积的人工林。青杨天然分布广泛，种内变异丰富，在长期的栽培过程中培育了许多具有各自生长特性的栽培变种或无性系，如垂枝青杨、白皮青杨等。由于具有优良的适应性和抗旱、抗病、抗虫等特性，在杨树杂交育种工作中，青杨也常作为亲本，如北京杨即为青杨和钻天杨的杂交后代。

新疆杨

新疆杨是双子叶植物纲金虎尾目杨柳科杨属银白杨种一亚种。

◆ 名称来源

新疆杨是银白杨的一个天然变种，仅有雄株。是外来引进的一种窄冠型杨树，由于最初引入中国新疆，且在新疆栽培最广，故名新疆杨。作为绿化树种，在中国北方各省、自治区尤其新疆广泛栽培。寿龄在50年左右。

新疆杨掌状叶

◆ 分布

新疆杨原产于中亚。在中国东北、华北、西北及西藏自治区均有栽培，其中以新疆栽培最早，分布也最为普遍。

◆ 形态特征

新疆杨为乔木。树冠窄圆柱形或尖塔形。树皮灰白或青灰色，光滑少裂。小枝初被白色茸毛圆筒形，灰绿或淡褐色。萌条和长枝叶掌状深裂，基部平截，长8.5～15厘米，初时两面被白茸毛；短枝叶较小，长4～8厘米，宽3～6厘米，边缘有几乎对称的粗齿；背面绿色，几乎无毛；叶柄略侧扁，被白茸毛。

◆ 生长习性

新疆杨喜温、喜水肥、耐盐、耐大气干旱。可耐受极端高温42℃、极端低温 -24℃，平均年降水量60毫米、蒸发量2700毫米的极端环境。

在年平均气温 11.3 ～ 11.7℃（≥ 10℃ 年积温 3965 ～ 4298℃·日）、相对湿度49%～ 57% 的气候条件下，生长良好。新疆杨的耐盐碱性较强，在灌溉的盐土上，可忍受 1.6% 的土壤含盐量。

◆ **价值**

新疆杨可作防护林、园林绿化树种。新疆杨被广泛用作防护、绿化和水土保持，在中国北方各省区大量栽培。

胡　杨

胡杨是双子叶植物纲金虎尾目杨柳科杨属一种。又称胡桐。胡杨适应内陆地区干旱气候，是中国西北荒漠地区广泛分布的树种。寿龄 200 年以上。

◆ **分布**

胡杨原产于中亚、中东、北非及中国西北部。在世界上，胡杨的主要分布区在中亚、西亚以及北非。中国西北部干旱荒漠地区有分布，主要在新疆、甘肃、青海、内蒙古（西北部）等省、自治区，其中胡杨天然林主要集中在南疆塔里木盆地。

◆ **形态特征**

胡杨为乔木，高 10 ～ 15 米，稀灌木状。树皮淡灰褐色，下部条裂；萌枝细，圆形。芽椭圆形，光滑，褐色，长约 7 毫米。苗期和萌枝叶披针形或线状披针形，全缘或不规则的疏波状齿牙缘；成年树小枝泥黄色，枝内富含盐分，嘴咬有咸味。叶形多变化，卵圆形、卵圆状披针形、三角状卵圆形或肾形，先端有粗齿牙，基部楔形、阔楔形、圆形或截形，有 2 腺点；叶两面同色；叶柄微扁，约与叶片等长，萌枝叶柄极短，长仅 1 厘米。雄花序长 2～3 厘米，轴有短茸毛，雄蕊 15～25，花药紫红色，花盘膜质，边缘有不规则牙齿；苞片略呈菱形，长约 3 毫米，上部有疏牙齿；雌花序长约 2.5 厘米，子房长卵形，被短茸毛或无毛，子房柄约与子房等长，柱头 3，2 浅裂，鲜红或淡黄绿色。果序长达 9 厘米，蒴果长卵圆形，长 10～12 毫米，2～3 瓣裂。花期 5 月，果期 7～8 月。

◆ 生长习性

胡杨是生长在荒漠地区的长寿树种，对干旱气候有很强的适应性，其习性主要表现在以下 5 个方面：①喜光。胡杨是荒漠河滩裸地上成林的先锋树种，幼树在郁闭的林下生长不良。②喜温、耐寒、耐高温。胡杨分布区年平均气温在 5～13℃，可耐受 -35℃ 的极端低温和 40℃ 的极端高温，能够适应 ≥ 10℃ 年积温在 2000～4500℃·日的温带荒漠气候，在年积温 4000℃·日以上的暖温带生长最为旺盛。③耐盐碱。胡杨是一种泌盐植物，植株含盐量很高；在土壤含盐量在 2% 以下时胡杨能正常生长，2%～3.5% 时生长较好，3.5%～5% 时生长受到抑制。④喜湿润、耐大气干旱。胡杨侧根发达，主要依靠侧根吸收土壤水分；叶厚，革质，表面有蜡质覆盖，小枝具蜡质且有短毛，这些性状有利于减少植株水分的散失。⑤耐风沙、耐腐蚀。胡杨的侧根发达而庞大，加之树干短粗，树冠稀疏，不容易被风吹倒；胡杨树皮较厚，木材耐腐蚀能力强，因此在新疆有着胡杨"千年不死，死后千年不倒，倒后千年不朽"的说法。

◆ **培育与造林**

胡杨主要靠种子繁殖，扦插繁殖较难。胡杨林在塔里木河流域分布最为集中，但是调查发现，近些年来胡杨林急剧地消退，面积和蓄积量都有很大程度的减少。造成胡杨林衰退的主要原因是人为活动影响，包括毁林开荒、畜牧业生产、用材或薪炭砍伐及引水灌溉造成的河道断流等。

◆ **价值**

胡杨主要作为防护林、用材林树种。胡杨的木质坚硬耐腐，可用作建筑和家具用材；树叶富含蛋白质，营养丰富，可做饲料使用；木材纤维长，是优良的造纸原料。

蒙古栎

蒙古栎是壳斗科栎属一种。中国东北地区的珍贵用材树种和阔叶林主要组成树种。

◆ **名称来源**

蒙古栎由德国植物学家 F.E.L.von 费希尔（Friedrich Ernst Ludwig von Fischer，1782 ～ 1854） 和 C.F.von 勒 德 波（Carl Friedrich von Ledebour，1786 ～ 1851）于 1850 年命名。

◆ **分布**

蒙古栎主产于中国黑龙江、吉林、辽宁、内蒙古、河北、山东、山西等省、自治区。俄罗斯、朝鲜、日本也有分布。

◆ 形态特征

蒙古栎为落叶乔木，高 30 米。幼枝有棱无毛。叶片倒卵形至长倒卵形，长 7 ～ 19 厘米，宽 3 ～ 11 厘米，先端短钝或短突尖，基部窄圆形或耳形；锯齿 7 ～ 10 对，幼叶沿脉有毛，成熟叶无毛，侧脉 7 ～ 11 对；叶柄长 0.2 ～ 0.8 厘米，无毛。雄花序和雌花序分别生于新枝下部和上端叶腋。壳斗杯形，包坚果

蒙古栎叶

1/3 ～ 1/2，小苞片三角状卵形。坚果径 1.3 ～ 1.8 厘米，高 2.0 ～ 2.3 厘米，无毛。花期 4 ～ 5 月，果期 8 月。

◆ 生长习性

蒙古栎最适气候条件为年均降水量 330 ～ 910 毫米，≥ 5℃ 有效年积温为 1200 ～ 3500℃·日，最暖月温度为 17 ～ 26℃。喜光，不耐阴；树皮厚实，耐低温；深根性，抗风；适合湿润肥沃的棕色森林土，耐瘠薄；抗火性强，种子在过火林地上可萌发。常在阳坡或山脊与杨、桦混生，也有小片纯林。

◆ 培育

蒙古栎一般在采伐迹地上进行更新造林。选择形态完整、发育健壮、性状优良的中龄采种母树，在 9 月中上旬当种子大量落地时采种。播种前进行杀虫处理，采用冷水浸种 24 ～ 48 小时，剔除劣质种子。

一般在 10 ～ 11 月或 4 ～ 5 月进行直播造林。造林密度为 4400 ～ 5000 穴 / 公顷，每穴种子 2 ～ 3 粒。树干解析表明，胸径和树高平均生长高峰分别在 20 年和 15 ～ 20 年；材积平均生长量在 35 年前增长较快，数量成熟龄为 60 年左右。63 年生解析木胸径和树高分别达 31.0 厘米和 19.5 米。

◆ **系统位置、多样性与保护**

《中国树木志》记载有蒙古栎的一个变种——粗齿蒙古栎。《全球植物名录》将其归入分布于俄罗斯远东、韩国、日本的蒙古栎亚种。按美国植物学家 A. 克朗奎斯特（A.Cronquist，1919 ～ 1992）提出的克朗奎斯特分类系统，壳斗科属于金缕梅亚纲壳斗目。按 APG-IV（Angiosperm Phylogeny Group IV）分类系统（由被子植物系统发育研究组建立的被子植物分类系统第四版），壳斗科（目）属于蔷薇类植物中的豆类植物。

◆ **价值**

蒙古栎为环孔材，纤维长度 1.39 毫米；气干密度中等，顺纹抗拉抗压和静曲强度较高，木材品质高，纹理美观，可作地板、家具和橡木桶。还可用作薪炭、养蚕、培养食用菌的原料。具抗蚀、护坡、保水和保土功能，具有重要的生态价值。

新疆落叶松

新疆落叶松是松科落叶松属落叶乔木。又称西伯利亚落叶松。

◆ 分布

新疆落叶松主要产于中国新疆阿尔泰山及天山东部。俄罗斯、蒙古也有分布。

◆ 形态特征

新疆落叶松高可达 40 米，胸径 80 厘米；树皮暗灰色、灰褐色或深褐色，粗糙纵裂；大枝平展，树冠尖塔形。幼枝密被长柔毛，后渐脱落，1 年生长枝淡黄色、黄色或淡黄灰色，有光泽，2～3 年生枝灰黄色；短枝顶端的叶枕之间密生灰白色长柔毛。叶倒披针状条形，长 2～4 厘米，宽约 1 毫米，先端尖或钝尖，上面中脉隆起，无气孔线，下面沿中脉两侧各有 2～3 条气孔线。球果卵圆形或长卵圆形，熟时褐色、淡褐色或微带紫色，长 2～4 厘米，径 1.5～3 厘米；中部种鳞三角状卵形、近卵形、菱状卵形或菱形，先端圆，背面密生淡紫褐色柔毛，稀近无毛；苞鳞紫红色，仅先端微露出。种子斜倒卵圆形，长 4～5 毫米，灰白色，连翅长 1～1.5 厘米。花期 5 月，球果 9～10 月成熟。

◆ 生长习性

新疆落叶松喜生于土层深厚、湿润、通气良好、肥沃的微酸性灰色森林土上，耐旱性较强，抗寒性特强，能耐 -40℃ 严寒。

◆ 培育

新疆落叶松多使用种子繁殖，亦用于人工造林。

◆ 价值

新疆落叶松木材淡红褐色，结构细密，材质坚韧，耐久用，可供建筑、桥梁、车辆、船舟、电杆、器具、家具及木纤维工业原料等用。种皮含鞣质，可提制栲胶。是中国新疆东部及北部阿尔泰山山区重要的森林更新及荒山造林树种。

固沙与水土保持树种

沙 枣

沙枣是胡颓子科胡颓子属一种落叶乔木或灌木。中国北方地区经济价值较高的防护林树种，是中国西北地区沙地造林的先锋树种。

◆ 名称来源

沙枣由瑞典植物学家 C.von 林奈于 1753 年命名。

◆ 分布

沙枣主要分布于中国西北各省、自治区和内蒙古西部，少量至华北北部、东北西部，大致为北纬 34°以北地区。其中，天然林集中在新疆塔里木河、玛纳斯河，甘肃疏勒河，内蒙古额济纳河两岸；山西、河北、辽宁、黑龙江、山东、河南等省有引种栽培。地中海沿岸、亚洲西部、俄罗斯和印度也有分布。

◆ 形态特征

沙枣高 5～12 米，无刺或具刺；幼枝密被银白色鳞片。叶薄纸质，矩圆至线状披针形，长 2～10 厘米，宽 1～4 厘米，全缘，叶子两面具白或银白鳞片，成熟后部分脱落；叶柄长 5～10 毫米。花银白色，芳香；萼筒钟形，4 裂；无花瓣。果实椭圆形，长 9～l2 毫米，直径 6～10 毫米，粉红色，密被银白鳞片；果肉乳白色，粉质；果梗短，粗壮，长 3～6 毫米。花期 5～6 月，果期 9 月。

◆ **生长习性**

沙枣具有耐旱、耐寒、耐盐等特性。栽培区年降水量 120～500 毫米，蒸发量 1700～2500 毫米，年均气温 6.8～8.4℃，极端低温 -36.5℃，极端高温 39.7℃，无霜期 130～177 天，≥5℃ 年积温 3176.6℃·日。能适应温带荒漠地、沙壤土和滨海盐渍土等土壤。在土壤含盐量为 0.8%～1.2% 时仍然能够正常生长、开花、结果。

◆ **培育**

沙枣主要依靠播种育苗或扦插育苗。造林密度 1667～5000 株 / 公顷。从 20 世纪 50 年代开始广泛种植。仅中国西北五省、自治区沙枣林面积就超过 13 万公顷，甘肃河西走廊有人工林 2.68 万公顷，"四旁"（即村旁、路旁、水旁、宅旁）树 130 万株。种质资源相当丰富，甘肃省治沙研究所将甘肃省的沙枣品种资源划分为 4 个类群、20 多个品种。其中 4 个类群分别为：①离核类沙枣群。果肉与核易分离，果核上很少黏有果肉，如红皮离核和红皮圆沙枣等品种。②黏核类大沙枣群。果长 20 毫米以上，果千粒质量 1000 克左右，味甜，如红吊坠和张掖白沙枣等品种。③普通甜沙枣。如红油糕、二不伦和红圆弹沙枣等品种。④普通酸涩沙枣。如八卦、喇嘛皮、涩二不伦沙枣等品种。

◆ **系统位置**

按美国植物学家 A. 克朗奎斯特（A.Cronquist，1919～1992）提出的克朗奎斯特分类系统，胡颓子科属于蔷薇亚纲山龙眼目。按 APG-IV（Angiosperm Phylogeny Group IV）分类系统（由被子植物系统发育研究组建立的被子植物分类系统第四版），胡颓子科属于蔷薇类植物中豆类植物的蔷薇目。

◆ **价值**

沙枣营养成分丰富，果肉含可溶性糖 33.5%、游离氨基酸 3.0%、果胶 2.7%、蛋白质 5.5%、维生素 C 0.55%；含有 17 种氨基酸，少量的磷、钙、铁、锌、锰、烟酸、硫胺素等。果可鲜食，果肉可制糖、酿酒、制醋、发酵谷氨酸、生产饮料、作饲料等。淀粉可做馒头、烙饼、面条，还可做糕点、果酱、酱油等。花可养蜂产蜜、制造花露酒、生产花浸膏。药用价值高，花、果、枝、叶和树皮都可入药。根和地上部分含有哈尔满、哈尔醇、哈尔明碱等。叶含有咖啡酸、绿原酸、新绿原酸、维生素 C 和黄酮类化合物。果实胶质和鞣质具抗炎作用，能抑制小肠的运动功能。叶片提取物对慢性气管炎、腹泻和菌痢、冠心病、烧伤创面有一定疗效。果肉原花青素有较好的抗脂氧化能力。沙枣多糖对呼吸道的合胞病毒有抑制作用。根系具固土作用；具根瘤，可固氮；凋落物可增加土壤有机质，改善盐碱地土壤理化性质，提高盐碱地肥力；对地下水位高的重盐碱地具有生物排水作用，增加盐碱地上植被盖度；还可调节林内温度，改善生态环境。

梭 梭

梭梭是苋科梭梭属植物，中国西北和内蒙古干旱荒漠地区重要的固沙造林树种。

◆ **名称来源**

梭梭最初由俄国植物学家 C.A.von 梅耶（Carl Anton von Meyer，1795～1855）于 1829 年发表，并归入假木贼属。1851 年，德国植物学家 A. 班格（Alexander Bunge，1803～1890）将其组合到梭梭属。

◆ **分布**

梭梭主产于中国宁夏、甘肃、青海、新疆、内蒙古等地，大致在北纬 36°～48°、东经 60°～111°的干旱沙漠地带。中亚和俄罗斯西伯利亚也有分布。

◆ **形态特征**

梭梭为小乔木，高 3～6 米，地径可达 50 厘米。树皮灰白色，树冠稠密；老枝灰褐或淡黄褐色；当年枝浓绿色，节间较短，长 4～12 毫米，较粗壮，径 1.5 毫米。叶鳞片状。花着生于 2 年生枝的侧生短枝上，花被片矩圆形，翅状附属物肾形至近圆形。胞果黄褐色。种子暗黑色，较小，径 2.5 毫米；胚盘旋成陀螺状，暗绿色。花期 5～7 月，果期 9～10 月。

◆ **生长习性**

梭梭为典型荒漠树种，生态幅度较宽，适应极端干旱的大陆性气候。研究表明，其生态各主要气候因子的阈值分别为年降水量 15.0～114.5 毫米，最湿季降水量 8.0～59.5 毫米，平均气温 -12.7～29.2℃；最干季平均温度 -33.3～35.9℃。其分布区年蒸发量 2550～3500 毫米，相对湿度 10%～30%。为强阳性树种，其嫩枝肉质化，细胞液黏滞度大，木质部发达，能耐43℃气温、60～70℃地表温度，亦可耐-42℃的低温。

◆ **培育**

梭梭一般形成天然群落。在中国准噶尔盆地西部的甘家湖梭梭林国家级自然保护区，梭梭可发育成单优势种群落，高1.5～2.5米，盖度30%～40%。在砾质戈壁上，群落高1米，盖度小于10%。在固定沙丘，与耐盐多枝柽柳、长穗柽柳和铃铛刺共生。自20世纪50年代以来，中国在甘肃民勤、新疆准噶尔盆地营造了较大面积的人工林。在准噶尔盆地，20年人工林分树高可达4.29米，地径达10.67厘米。

◆ **系统位置与保护**

按美国植物学家A.克朗奎斯特（A.Cronquist，1919～1992）提出的克朗奎斯特分类系统，梭梭属为藜科植物，属于石竹亚纲石竹目。按APG-IV（Angiosperm Phylogeny Group IV）分类系统（由被子植物系统发育研究组建立的被子植物分类系统第四版），梭梭属为苋科植物，属于超菊类植物中的石竹目。《中国珍稀濒危保护植物名录》将其列为渐危三级保护。

梭梭

◆ **价值**

梭梭树干材质坚硬，含水量少，为优质薪炭材。嫩枝无毒，是骆驼和羊的饲料。寄主肉苁蓉，具有很高药用价值。

白梭梭

白梭梭是苋科梭梭属一种小乔木，是中国西北和内蒙古干旱荒漠地区重要的固沙造林树种。

◆ 名称来源

白梭梭由德国植物学家 A. 班格等于 1860 年命名。

◆ 分布

白梭梭属中亚西部荒漠亚区成分，分布区狭窄。主产于中国新疆北部。伊朗、阿富汗、俄罗斯、哈萨克斯坦也有分布。

◆ 形态特征

白梭梭高 2～5 米。树皮灰白，树冠稀疏；老枝灰褐或淡黄褐色；当年枝淡绿色，节间较长，5～15 毫米，纤细，径 1～1.5 毫米。叶鳞片状，三角形。花生于二年生枝的侧生短枝上，花被片倒卵形，翅状附属物扇形或近圆形。胞果淡黄褐色。种子灰褐色，较大，径 2.5 毫米；胚盘旋成陀螺状。花期 5～6 月，果期 9～10 月。

◆ 生长习性

白梭梭是典型沙生荒漠植物，多生长于流动、半流动和半固定沙丘顶部及丘坡中上部。适合沙质土或沙壤土，土壤 pH 7～9。年均气温 2.5～9.9℃，最冷月平均最低温度 -26～-19℃，最热月平均最高温度 28～35℃，年降水量 103～211 毫米，极端低温 -42.6～-34.3℃。

◆ 培育

白梭梭主要依靠大田播种育苗和营养袋播种育苗。营养袋播种育苗以 pH 7.0 ～ 9.0、总盐含量 1% ～ 8% 的沙壤土为主要基质，20% 的碎木锯末为辅助基质，配成营养土，装入营养袋，每袋用种子 6 ～ 7 粒，覆土 0.5 ～ 1 厘米，一次浇透水，以后每天洒水一次，保持湿度，7 天左右出苗，出苗率可达 95%。

◆ 保护

白梭梭被《中国珍稀濒危保护植物名录》列为渐危三级保护物种，《中国植物红皮书》《中国生物多样性红色名录》和世界自然保护联盟（International Union for Conservation of Nature; IUCN）将其列为易危物种。

◆ 价值

白梭梭是中国西北地区的优良固沙造林树种，除新疆外，甘肃、宁夏、内蒙古沙区也进行了引种。白梭梭木材坚而脆，是薪炭材料；当年枝可作饲料。

本书编著者名单

编著者 （按姓氏笔画排列）

于应文	王乃江	王小平	王玉忠	王庆海
王进鑫	王彦荣	方炎明	古 力	冉进华
朱再标	刘 丽	刘德玺	祁建军	李广德
杨 轩	杨立学	杨亲二	汪 涛	沈海龙
张正社	张守攻	张志翔	张国盛	张重义
张朝贤	陈 昕	陈又生	陈德昭	邵清松
季鹏章	赵 祥	赵宝玉	饶广远	施士争
洪德元	莫重辉	顾红雅	徐福荣	高信芬
郭巧生	郭信强	唐 亚	曹 兵	曹秋梅
康向阳	尉亚辉	彭祚登	靳瑰丽	魏建和
魏晓新				